职场无忧
丛书

U0062642

Photoshop CS4
图像处理与制作

杨静 编著

快学易用 · 职场无忧

○ 结构清晰　阅读方便　○ 实时提示　延伸知识　○ 内容合理　快速上手
○ 案例贴切　实用性强　○ 配套光盘　互动学习

兵器工业出版社

北京希望电子出版社
Beijing Hope Electronic Press
www.bhp.com.cn

内 容 简 介

本书详细介绍了 Photoshop CS4 在图像处理与制作中的应用,内容包括认识 Photoshop CS4、Photoshop CS4 基本操作、文本的编辑、选区的创建与编辑、图像色彩的校正、图像的编辑与修饰、图层的使用、路径的创建与编辑、通道与蒙版的应用以及滤镜的应用。本书语言通俗、步骤清晰、实例典型,读者只要按照书中的步骤操作,就能得到预期效果,从而循序渐进地掌握该软件的应用。

本书配套光盘内容包括范例的部分素材、源文件以及多媒体视频教学,读者在学习过程中可以参考使用。

本书适合从零开始学习 Photoshop 处理图像的初、中级读者,可作为大、中专院校及各类相关培训机构的培训教材,也可作为平面广告设计人员及 Photoshop CS4 初学者的参考用书。

图书在版编目（CIP）数据

Photoshop CS4 图像处理与制作 /杨静编著. —北京:
兵器工业出版社；北京希望电子出版社，2009.10
(职场无忧丛书)
ISBN 978-7-80248-439-9

I. P… II. 杨… III. 图形软件，Photoshop CS4　IV.
TP391.41

中国版本图书馆 CIP 数据核字（2009）第 181287 号

出版发行：兵器工业出版社　北京希望电子出版社

邮编社址：100089　北京市海淀区车道沟 10 号
　　　　　100085　北京市海淀区上地 3 街 9 号
　　　　　　　　　金隅嘉华大厦 C 座 611

电　　话：010-62978181（总机）转发行部
　　　　　010-82702675（邮购）010-82702698（传真）

经　　销：各地新华书店　软件连锁店

印　　刷：北京市媛明印刷厂

版　　次：2009 年 10 月第 1 版第 1 次印刷

封面设计：叶毅登

责任编辑：宋丽华　罗　蕊

责任校对：王红芝

开　　本：787 mm×1092 mm 1/16

印　　张：16.25

印　　数：1-3000

字　　数：341 千字

定　　价：30.00 元（配 1 张 DVD）

○ 编辑蒙版区域

○ 更改图层混合模式

○ 合成花朵图像

○ 合成婚纱图像

○ 绘制蝴蝶图形

○ 绘制矢量图形

A

○ 皮肤修复

○ 色彩调整

○ 设置人物唇彩颜色

○ 添加装饰图形

○ 为图像添加光泽

○ 沿路径输入文字

○ 应用定义形状绘制图形

○ 制作儿童相框

○ 制作浮雕文字效果

○ 制作海报效果

○ 变换风景季节

○ 制作描边图像

○ 制作描边文字效果

○ 制作喷色描边图像

○ 制作切变效果图像

○ 制作双色调照片

○ 制作纹理化效果

○ 制作相框效果

前 言

> ➢ 我们为什么学习计算机?

> ➢ 计算机在日常生活中主要有什么用途?

> ➢ 因为不熟悉计算机和专业软件,是不是找工作困难重重?

> ➢ 工作中使用计算机是不是经常遇到各种困惑?

随着计算机在商务领域的广泛应用,熟练掌握计算机专业软件的使用已经成为现代职场最基本的技能要求。广大在职人员需要提升自己的计算机使用技能,即将进入职场的人员也需学习计算机专业软件的应用。将计算机图书作为学习工具,是目前最广泛的学习计算机软件的途径之一,因此如何在众多计算机图书中选择一本好书、一本适合自己的书,更是学习计算机软件的关键。

《职场无忧》丛书是本书编委会经过深入的市场调研,推出的一套以实用为依据、以易学为基准的计算机自学图书。全书采用"基础讲解 + 实例巩固"的方式。读者通过本书对基础知识讲解的学习,从零开始循序渐进地学习相应软件的操作,通过典型的商业案例巩固所学知识,实现操作与应用的融会贯通,做到学以致用。本套丛书主要包括以下图书:

Office 2007 三合一办公应用	局域网组建与维护
计算机操作基础	Windows Vista 系统操作
计算机上网	CorelDRAW X4 图形绘制
Word 2007 文档制作	Excel 2007 表格与财务办公
PowerPoint 2007 演示文稿与多媒体课件制作	Photoshop CS4 图像处理与制作
Access 2007 数据库办公应用	Flash CS4 动画设计
Dreamweaver CS4 网页制作	AutoCAD 2009 机械制图

套书特点

> ➢ **结构清晰 阅读方便**

全书采用直观易读的结构,基础内容采用通栏讲解,"新手演练"与"知识点拨"采用双栏排版,确保内容充足的情况下,使内容结构更加合理,阅读起来更加直观。

> ➢ **案例贴切 实用性强**

在"新手演练"板块中全部采用典型的商业案例,读者通过案例不仅能掌握软件的操作方法,还能同步了解常用商业案例的制作方法与制作理念,以便将所学知识充分发挥。

> ➢ **内容合理 快速上手**

本书完全从读者角度出发,阐述读者在学习过程中"哪些知识简单了解"、"哪些知识

重点掌握"的学习层次，合理安排章节内容，保证读者掌握软件的基本应用。

> **实时提示 延伸知识**

全书穿插了"温馨提示牌"与"职场经验谈"两个小栏目，"温馨提示牌"用于提示知识点技巧、注意事项以及扩展知识等，避免读者在学习中走弯路；"职场经验谈"用于在制作典型商业案例时延伸讲解制作经验，补充读者对相关行业案例的认识。

> **配套光盘 互动学习**

配套的多媒体光盘与图书内容相对应，这种互动形式使读者真正融入到教学环境中，从而提高学习效率。

本书读者对象

> 广告从业人员。
> 效果图后期处理人员。
> Photoshop 图像处理爱好者。
> 大中专学生、相关培训机构。
>   注意：本书尤适用于需要在短时间内快速掌握 Photoshop CS4 图形处理的读者使用。

光盘使用说明

在使用光盘时，显示器的分辨率设置为 1024×768。

关于我们

本书由登巅咨询策划、杨静编著。在本书编写过程中得到了陈洪彬、尼春雨、卢如海、黄馨、胡芳、罗珍妮、明君、于新杰、黄梅、刘红、刘华等人的帮助。由于作者水平有限，书中如存在疏漏和不足之处，恳请专家和广大读者赐教指正。

编著者

目　　　录

第 1 章

初识

Photoshop CS4

精彩案例

通过"开始"菜单启动 Photoshop CS4

打开图像文件

调整面板

调整像素大小

本章导读

Adobe Photoshop CS4 软件是专业图像编辑领域中的标准，也是 Adobe 数字图像处理产品系列的旗舰产品。它提供了划时代的图像制作工具，具有前所未有的灵活性以及更高效的编辑、图像处理和文件处理功能。本章带领读者对 Photoshop CS4 进行初步认识。

1.1　初识 Photoshop CS4

　　Adobe Photoshop 是 Adobe 公司在 1990 年首次推出的一款功能强大的图像处理软件，自推出以来，该软件广泛应用于平面设计和彩色印刷等行业。随着 Adobe 公司的不断发展，Photoshop 的功能也在不断完善，使其在图像处理及平面设计领域一直占据领先地位。

　　作为最受人们欢迎的图像处理软件，Photoshop 的每一次发布，都给人带来惊喜。2008 年 9 月 23 日，Adobe 正式发布了其最新版 Photoshop CS4 之后，人们的热情又被重新点燃。Adobe Photoshop CS4 软件通过更直观的用户体验、更灵活的编辑自由度，使用户能更轻松地体验其无与伦比的强大功能。利用 Adobe Photoshop CS4 全新、顺畅的缩放和遥摄功能可以定位到图像的任何区域；借助全新的像素网格工具可以实现缩放到个别像素时的清晰度，并以最高的放大率实现轻松编辑；通过创新的旋转视图工具可随意转动画布，按任意角度实现无扭曲查看。

　　Photoshop CS4 提供了许多图形工具，可用于数字摄影、印刷品制作、Web 设计和视频制作等。用户可以根据个人的需求设置符合个人所需的工具，从而大幅度提高工作效率，制作出适用于打印、Web 和其他用途的最佳品质的专业图像。

1.2　Photoshop CS4 的新增功能

　　和老版本相比，新版 Photoshop CS4 最大的变化是加入了 GPU 支持。对于原本相当耗费资源的大图片处理来说，在 GPU 的辅助下变得异常迅速。更加专业的 3D 图像处理是新版本的另一个亮点。此外，新版 Photoshop CS4 到底还会给我们带来哪些新体验呢？下面，一起去感受吧。

1.　界面的变化

　　第一次打开 Photoshop CS4，依旧是熟悉的蓝色启动界面，只是与 Photoshop CS3 相比，Photoshop CS4 在界面配色上更加淡雅，更能突显软件特有的专业气质，如下图所示为 Photoshop CS4 的启动界面。

　　此外，新版本的窗口布局也在老版本的基础上，进行了明显改进。Photoshop CS4 依

旧采用人性化十足的点击式界面，只是在风格上更加明快。增加了窗口布局功能，用户使用该功能能够完成多组图片的快速布局。左下图所示为 Photoshop CS4 的简洁新界面。在窗口最右端，Photoshop CS4 还特意加入了一项菜单布局功能，用户能快速切换到适合的界面布局。右下图所示为 Photoshop CS4 中提供的新增功能。

2. 多标签打开图片

在 Photoshop CS4 中，打开图片默认采用多标签形式。用户只需在标签栏上单击，就能迅速找到某个已打开的图片，如左下图所示。同时，为了方便多图浏览，Photoshop CS4 还特意在标题栏上排列了一个"排列文档"按钮，单击该按钮，在弹出的下拉列表中提供了预设的图片布局方式，如右下图所示。单击相应按钮就能迅速将所有图片按既定的方式快速排版。此外，为了方便多图的编辑与查看，Photoshop CS4 还特意加入了一项"Shift+抓手"工具，能够同时对视图中的所有图片进行移动，这些设计方便了原本十分烦琐的多图编辑操作。

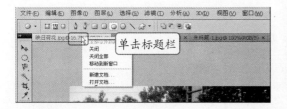

3. 可旋转的"画布"

Photoshop CS4 中，旋转视图工具的功能特别实用，和前面版本中的画布旋转完全不同，该功能仅作用于当前视图。用户只需单击菜单栏中的 按钮，就可以用鼠标任意调整视图角度。由于这项功能不只针对图像本身，因此，无论是文字，还是已经打开的矩形选框，都会随视图而变换角度，如左下图所示。

旋转视图功能需要开启显卡 GPU 支持。选择"编辑"｜"首选项"｜"常规"命令，打开"首选项"对话框，单击"性能"选项卡，在"GPU 设置"栏中勾选"启用 OpenGL 绘图"复选框即可，如右下图所示。

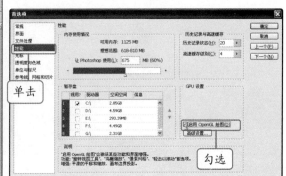

4. 调整面板

此前，当用户想对某一选区进行调整时，一般都是通过顶端操作区完成，但每次操作都要进入菜单选择，比较麻烦。在 Photoshop CS4 中新增了一个"调整"面板，在该面板中集成了所有调整功能，取代了原来的调整菜单。用户只要事先完成选区设定，"调整"面板便会自行打开。虽然，这里的每一项功能都和菜单命令一致，但集中化的设计和实用的预设效果给用户带来了很多方便，而且和"调整"面板类似的，还增加了一个"蒙版"面板，如下图所示。

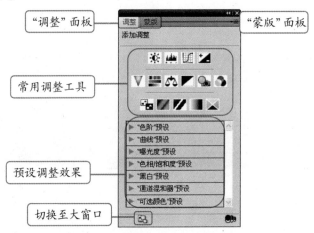

5. 全新的"像素边框"

以前，在进行一些像素精确定位时，总会感觉不太方便。在 Photoshop CS4 中，这个遗憾终于被"像素边框"功能所弥补。用户只要将图片放大到一定级别，便会看到像素周边被醒目地标识上了白色。有了它的"报告"，再想准确定位就变得很容易了。如下图所示为放大 1200% 倍后的效果。

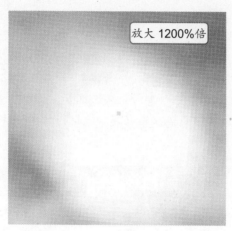

6. 内容感知缩放

众所周知，传统的缩放功能往往会在照片缩减的同时令主体失真。比如，在对一张人像图进行缩放时，很容易使人物变得"忽胖忽瘦"。

全新的"内容感知缩放"功能很好地解决了这个难题。利用这项功能，软件将首先对图像进行分析。然后，智能保留前景物体的当前比例，接下来才会对背景开始缩放。经过这样的处理后，照片中的主要对象不会出现太大的失真，同时整幅图片也成功地按比例缩放到了目标位置，这便是这项功能的精妙所在。用户只需选择"编辑"｜"内容识别比例"命令即可完成。例如在下面的三幅图中，第一幅图为原始图片效果，第二幅图为"自由变换"纵向缩小 50% 后的效果，第三幅图是使用"内容识别比例"命令纵向缩小 50% 后的效果。

7. GPU 加速体验

在 Photoshop CS4 中，软件第一次引入了全新的 GPU 支持。通过该功能，原本需要耗费很长时间的操作，如今都可以快速完成。其中，包括用户经常使用的图片缩放和图片旋转功能。当开启 GPU 加速后，整个缩放过程均加入了平滑动画。当然，全新的 GPU 加速并不仅仅是作用于这些图片的简单操作，部分滤镜，如"液化"滤镜也可以借助该功能大幅提升处理速度。

1.3 启动和退出 Photoshop CS4

在了解 Photoshop CS4 的新增功能后，下面介绍如何启动和退出 Photoshop CS4。

1.3.1 启动 Photoshop CS4

启动 Photoshop CS4 有两种常用方法：一种方法是通过"开始"菜单进行启动；另外一种方法是通过桌面的快捷方式进行启动。

1. 通过"开始"菜单进行启动

选择"所有程序"｜Adobe Photoshop CS4 命令即可启动 Photoshop CS4。

新手演练 Novice exercises　通过"开始"菜单启动 Photoshop CS4

Step 01 单击"开始"按钮，在弹出的菜单中选择"所有程序"｜Adobe Photoshop CS4 命令。	Step 02 此时，在屏幕上出现了蓝色的启动界面，用户只需稍等片刻即可。

Step 03 片刻之后，系统自动打开 Photoshop CS4 的操作界面，如右图所示。

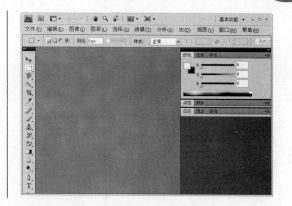

在 1.4 节中将详细介绍 Photoshop CS4 的操作界面。

2. 通过快捷方式启动

除了采用上述方法启动外，还有一种常用的启动 Photoshop CS4 的方法。用户只需双击桌面上 Photoshop CS4 的快捷方式即可。

1.3.2 退出 Photoshop CS4

常用的退出 Photoshop CS4 的方法有两种：一种方法是直接单击"关闭"按钮退出；另外一种方法是通过菜单命令退出。

1. 直接单击"关闭"按钮

单击 Photoshop CS4 界面右上角的 ⊠ 按钮即可关闭该程序。

2. 通过菜单命令退出

单击"文件"菜单项，在弹出的菜单中选择"退出"命令也可退出 Photoshop CS4 程序。

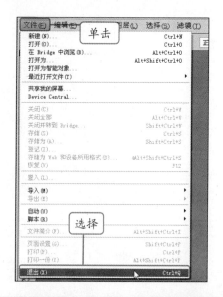

1.4 认识 Photoshop CS4

　　Photoshop CS4 安装完成后，启动 Photoshop CS4 即可看到 Photoshop CS4 的工作界面，其主要由标题栏、菜单栏、属性栏、浮动面板、工具箱、图像窗口和状态栏等部分组成，如下图所示。

1.4.1 标题栏

　　标题栏位于 Photoshop CS4 工作界面的最顶层，其左侧显示了 Photoshop CS4 的程序图标，中间的 8 个按钮分别为 "启动 Bridge" 按钮、"查看额外内容" 按钮、"缩放级别" 按钮、"抓手工具" 按钮、"缩放工具" 按钮、"旋转视图工具" 按钮、

"排列文档"按钮 和"屏幕模式"按钮 。单击标题栏右侧"基本功能"旁的下拉按钮，在弹出的下拉菜单中可以选择 Photoshop CS4 的界面布局方式。另外还有用于控制 Photoshop CS4 窗口大小的按钮，从左至右依次为"最小化"的按钮 、"最大化/还原"按钮 和"关闭"按钮 ，如下图所示。

1.4.2　菜单栏

Photoshop CS4 的菜单栏由 11 类菜单组成，如下图所示，主要用于完成图像处理中的各种操作和设置。

文件(F)　编辑(E)　图像(I)　图层(L)　选择(S)　滤镜(T)　分析(A)　3D(D)　视图(V)　窗口(W)　帮助(H)

知识点拨 **"菜单栏"各菜单功能**

"文件"菜单：用于对图像文件进行操作，包括文件的新建、保存和打开等。

"编辑"菜单：用于对图像进行编辑操作，包括剪切、拷贝、粘贴和定义画笔等。

"图像"菜单：用于调整图像的色彩模式，色调、色彩以及图像和画布大小等。

"图层"菜单：用于对图像中的图层进行编辑操作。

"选择"菜单：用于创建图像选择区域及对选区进行编辑。

"滤镜"菜单：用于对图像进行扭曲、模糊、渲染等特殊效果的制作和处理。

"分析"菜单：显示当前使用工具的相关数据信息。

"3D"菜单：处理和合并现有 3D 对象、创建新的 3D 对象、编辑和创建 3D 纹理、组合 3D 对象与 2D 图像。

"视图"菜单：用于缩小或放大图像显示比例、显示或隐藏标尺和网格等。

"窗口"菜单：对 Photoshop CS4 工作界面的各个面板进行显示和隐藏。

"帮助"菜单：为用户提供使用 Photoshop CS4 的帮助信息。

1.4.3　属性栏

在属性栏中可设置工具箱中所选工具的相关参数。根据所选工具的不同，所提供的参数项也有所区别，如下图所示的为"矩形选框工具"属性栏。

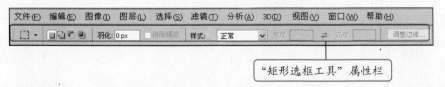

"矩形选框工具"属性栏

1.4.4　工具箱

初次启动 Photoshop CS4 时，工具箱将显示在屏幕左侧。可通过拖移工具箱的标题栏来移动其位置。选择"窗口"｜"工具"命令，也可以显示或隐藏工具箱。

　　工具箱将 Photoshop CS4 的功能以图标形式聚集在一起，从工具的形态就可以了解该工具的功能。在键盘上按下相应的快捷键，即可从工具箱中自动选择相应的工具。右击工具图标右下角的◢按钮，就会显示其他相似功能的隐藏工具，将鼠标光标停留在工具上，相应工具的名称将出现在鼠标光标下面的工具提示中。下图所示为工具箱概览。

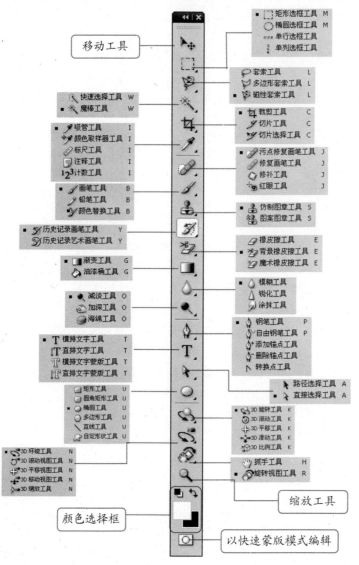

1.4.5　图像窗口

　　图像窗口用于显示导入 Photoshop CS4 中的图像，在标题栏中显示文件名称、文件格式、缩放比例以及颜色模式。本节举例说明最小化和最大化 Photoshop CS4 工作区域的方法，以及利用 Bridge 打开图像的方法。

文件名称　　颜色模式　　文件格式　　缩放比例

新手演练　Novice exercises　打开图像

Step 01 单击"文件"菜单项，在弹出的菜单中选择"打开"命令。

Step 02 打开"打开"对话框，在"查找范围"下拉列表框中选择需打开图片所在的位置，然后选中需打开的图片，单击 打开(O) 按钮。

Step 03 此时在 Photoshop CS4 中打开选中的图片。

打开的图像文件

Step 04 拖动图像窗口的标题栏，可将图像窗口单独显示出来。

独立窗口

Step 05 按住鼠标左键不放，并拖动图像窗口的标题栏，将其拖动至合适位置，然后释放鼠标左键，可移动图像窗口。

Step 06 如果想暂时隐藏图像，可单击图像窗口右上方的"最小化"按钮，此时图像窗口被最小化为标题栏，位于画面的左下方。

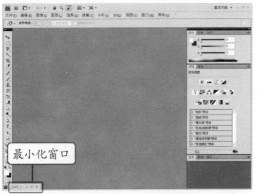

Step 07 单击"最大化"按钮 □，可将图像窗口显示为最大化。

Step 08 利用 Bridge 打开文件，可以先查看其缩略图。单击菜单栏中的"启动 Bridge"按钮 ■。

Step 09 打开 Bridge 窗口，在左上方树形结构的文件夹列表中选择保存有图像的素材文件夹，此时所有文件图像都显示在中间的"内容"列表框中，选择要打开的图像，在右侧的预览框中可以查看所选择的图片，并在下方的"文件属性"区域中显示了所选图片的属性。

Step 10 在预览框中单击任意点，即可放大该点的图像。

Step 11 双击"内容"列表框中需打开的图片，即可在 Photoshop CS4 中打开选择的图片。

1.4.6 浮动面板

　　面板汇集了图像操作中常用的选项和功能，在编辑图像时，选择工具箱中的工具或执行菜单栏上的命令以后，使用面板可以进一步细致调整各个选项，也可以将面板上的功能应用到图像上。Photoshop CS4 根据各种功能的不同分类，提供了 23 个面板。

 **控制面板介绍**

3D 面板：借助全新的光线描摹渲染引擎，可以直接在 3D 上模拟绘图、用 2D 图像绕排 3D 形状、将渐变图转换为 3D 对象、为层和文本添加深度、实现打印质量的输出并导出到支持的常见 3D 格式。

测量记录面板：当使用标尺工具在图像上绘制一段距离时，使用测量记录面板将记录下绘制的时间、绘制的工具、比例、长度和角度等情况。

动画面板：便于进行动画操作。

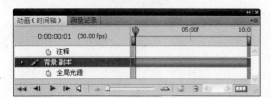

导航器面板：该面板可以便捷地观察图像的任意区域。打开图像文件后，在控制面板中，其中心的图像为所选图像的导航视图。

信息面板：信息面板显示有关图像的文件信息，同时当用户在图像上移动鼠标光标时提供有关演示的反馈信息。如果要在图像拖动时查看信息，请确保信息面板在工作区中处于可见状态。

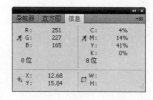

直方图面板：该面板用图形表示图像的每个亮度级别的像素数量，展示像素在图像中的分布情况。直方图显示图像在阴影（显示在直方图左边部分）、中间调（显示在中间部分）和高光（显示在右边部分）中包含的细节是否足以在图像中进行适当的校正。

调整面板:通过轻松使用所需的各个工具简化图像调整,实现无损调整并增强图像的颜色和色调,新的实时和动态调整面板中还包括图像控件和各种预设。

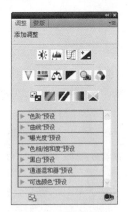

蒙版面板:从新的蒙版面板快速创建和编辑蒙版,该面板提供了用户需要的所有工具,这些工具可用于创建基于像素和矢量的可编辑蒙版、调整蒙版浓度和羽化、轻松选择非相邻对象等。

动作面板:该面板用于记录并返回某些动作。使用此面板可以创建一系列动作,这些动作可以返回并应用于不同的图像。在面板中可以通过拖动来上下移动动作,同时还可以为动作分配功能键。

历史记录面板:历史记录面板用于记录用户所做的编辑和修改操作,并可通过它恢复到某一指定的操作,如下图所示,面板上显示的是打开该图像文件的操作。

段落面板:该面板用于设置与文本段落相关的选项。可调整间距,增加缩进或减少缩进等。

字符面板:在编辑或修改文本时提供相关功能的面板。可设置的主要选项有文字大小、间距、颜色和字间距等。

仿制源面板:在 Photoshop CS4 中,不仅仿制图章支持 5 个仿制源,修改画笔工具也支持这项功能。在仿制源面板中可查看到使用的仿制源工具及其定位情况。

画笔面板：该面板提供画笔的形态、大小、材质、杂点程度、柔和效果等选项。

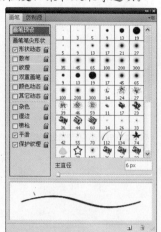

工具预设面板：在该面板中可保存常用的工具。可以将相同工具保存为不同的设置，从而提高工作效率。

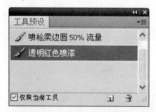

图层面板：该面板可以新建图层、移动图层、重排图层以及编组和合并图层。在图层面板中设置"不透明度"数值，为图层增添了不同图层融合的简单方法。"图层混合模式"下拉列表框中列举了不同的图层混合模式选项。

通道面板：该面板根据 RGB 的组成，为图像的红、绿、蓝三种色彩分别显示不同的通道。如果显示的是 CMYK 色彩文件，该面板则根据 CMYK 的组成，为图像的青色、品红、黄色、黑色分别显示不同的通道。

路径面板：该面板可以编辑和控制由"钢笔工具"创建的路径，路径面板的弹出式菜单用于勾勒路径轮廓或用色彩填充路径以及将路径转变为选区，还可以指定路径的名字以及使用不同的模板选项来复制和删除路径。

颜色面板：通过拖动面板底部的色谱条，并使用基于 Web 颜色或颜色模式（如 RGB 和 CMYK）的滑块改变前景色或背景色。颜色面板的弹出式菜单可用于切换基于不同颜色模式的滑块以及改变色谱条，使其仅显示安全模式的 Web 颜色。

色板面板：通过单击色板面板中的色块来快速选取前景色或背景色。单击色板中的 按钮，在弹出式的下拉菜单中选择"新建色板"命令，可以新建色板。另外，还可以保存色板和载入色板。从色板的文件夹中甚至可以载入安全模式的 Web 色板中的面板。

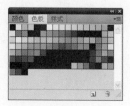

样式面板：该面板中含有多种预设的图层样式。提供三维斜面以及特殊的颜色或模板效果。若要应用一种样式，只需在图层面板中创建并选择一个图层，然后在样式面板中选择所需的样式即可。

图层复合面板：保存图层的组成因素，以及保留同一个图像的不同图层组合，从而可以有效

地完成设计。

注释面板：为注释工具所配置的面板，方便查看。

通过前面的介绍，相信用户对 Photoshop CS4 中的面板已经有所了解，下面举例介绍如何调整面板，包括打开面板、调整面板的大小等操作。

新手演练　调整面板

Step 01 选择"窗口" | "工作区" | "基本功能（默认）"命令，使工作区中显示默认的面板。

Step 02 此时，可以看到在窗口的右侧自动显示出颜色面板、调整面板和图层面板。

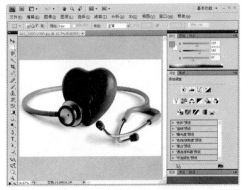

Step 03 如果用户还需要使用其他面板，如要显示段落面板，可选择"窗口" | "段落"

命令。

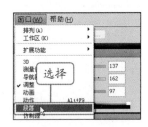

Step 04 如下图所示，此时在窗口中显示出段落面板。

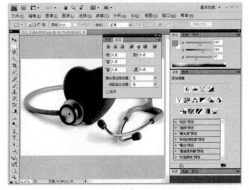

Step 05 如果需要移动面板，可按住鼠标左键不放拖动面板选项卡栏中的空白处，将其拖

动至目标位置，释放鼠标左键即可。

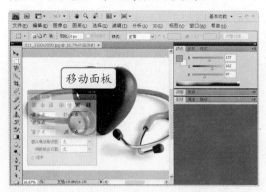

Step 06　如果需要折叠面板，可单击面板中的 ◀◀ 按钮。

Step 07　此时可以看到该面板已经折叠为如

下图所示的小窗口。同理，如果需要展开面板，单击 ▶▶ 按钮即可。

Step 08　如果用户需要退出段落面板的编辑，可将该面板关闭，单击面板中的 ✕ 按钮即可。

Step 09　如果用户需要收缩起面板，可单击选项卡栏中的任意空白处，折叠起面板下方的具体内容。若想展开下方内容，再次单击选项卡栏即可。

1.4.7　状态栏

Photoshop CS4 版本中的状态栏位于图像下端，而不是整个界面下端。状态栏中显示了当前编辑图像文件的大小、缩放比例以及在工具箱中所选工具的说明等信息。

1.5　常用术语介绍

在学习 Photoshop CS4 软件的具体使用前，要对图像有一个深入的了解。下面介绍 Photoshop CS4 中一些常用的术语，包括像素、位图、矢量图和分辨率等，以及如何调整像素和分辨率。

1.5.1　像素

像素就是构成图像的小色块，像素点越多，图像越大。一个英寸中像素点越多，图像就越清晰。每英寸多少像素也叫分辨率，一般平面广告设计分辨率为 72 像素/英寸，印刷要求 150～300 像素/英寸。由像素构成的图叫做点阵图或位图。

扫描或导入图像后，用户可以根据需要调整其大小，在 **Photoshop CS4** 中可以使用"图像大小"对话框来调整图像的像素大小。

新手演练　调整像素大小

Step 01 选择"图像"｜"图像大小"命令。

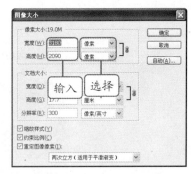

Step 02 打开"图像大小"对话框，在"像素大小"栏中设置图像的宽度和高度，并在其右侧的下拉列表框中选择"像素"选项。

Step 03 如果需要更改图像的高度和宽度值，可重新输入其宽度和高度值。

1.5.2　分辨率

分辨率是用于度量位图图像内数据量多少的一个参数。通常表示成 ppi（每英寸像素，Pixel per inch）和 dpi（每英寸点，dot per inch）。ppi 和 dpi 经常会出现混用现象。从技术角度说，"像素"只存在于屏幕显示领域，而"点"只出现于打印或印刷等设备领域。

Photoshop 中使用像素定义大小的图（像素大小）是为了在显示器上看，用实际尺寸定义的图（文档大小）是打印、印刷输出用的。分辨率是指一个单位（平方）尺寸上包含了多少图像信息，ps 分辨率等于像素大小除以文档大小（对应的长或宽），由此看出分辨率与像素大小成正比，与文档大小成反比。dpi 越高，图像越清晰，但是显示器上 72dpi 或者 96dpi 就达到它能输出的最高分辨率了，而印刷一般要求 300dpi 才能达到清晰的效果，所以屏幕显示 96dpi 就够了，如果打印就要调高图片分辨率（打印尺寸变小）。

新手演练　调整图像分辨率

Step 01 打开第 1 章素材文件中的"手机.jpg"文件，此时可以看到在 Photoshop CS4 中打开的图片效果如右图所示。

温馨提示牌
Warm and prompt licensing

更改位图图像的分辨率大小可能会使图像品质和锐化程度下降。相反，矢量图与分辨率无关，可以调整其大小而不会降低边缘的清晰度。

Step 02 选择"图像"｜"图像大小"命令。

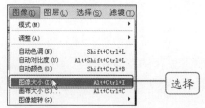

Step 04 单击 [确定] 按钮，此时可以看到打开的"手机.jpg"图片大小。

Step 03 打开"图像大小"对话框，在"文档大小"栏中的"分辨率"文本框中输入分辨率值，这里输入"100"，在右侧的下拉列表框中选择分辨率的单位，这里选择"像素/英寸"选项。

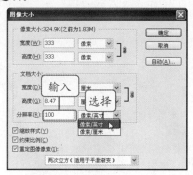

温馨提示牌

在绘图区右击，在弹出的快捷菜单中选择"选项"命令，也可以打开"选项"对话框。

1.5.3 位图

位图也叫点阵图、栅格图像、像素图，简单地说，就是最小单位由像素构成的图，缩放会失真。构成位图的最小单位是像素，位图就是由像素阵列的排列来实现其显示效果的，每个像素有自己的颜色信息，在对位图图像进行编辑操作时，可操作的对象是每个像素，我们可以改变图像的色相、饱和度、明度，从而改变图像的显示效果。在屏幕上缩放位图图像时，它们可能会丢失细节，因为位图图像与分辨率有关，其包含固定数量的像素，并且为每个像素分配了特定的位置和颜色值。如果在打印位图图像时采用的分辨率过低，位图图像可能会呈锯齿状，因为此时增加了每个像素的大小。位图的图像在放大后清晰度会降低，下图所示即为位图缩放前后的效果对比。

1.5.4　矢量图

矢量图也叫做向量图。简单地说，就是缩放不失真的图像格式。举例来说，矢量图就如同画在质量非常好的橡胶膜上的图，无论对橡胶膜进行怎样长宽成倍拉伸，画面依然清晰。

矢量图的好处是，轮廓的形状更容易修改和控制，但是对于单独的对象，色彩上变化的实现没有位图方便。另外，支持矢量格式的应用程序没有支持位图的应用程序多，很多矢量图形都需要专门设计的程序才能打开浏览和编辑。矢量图形与分辨率无关，即可以将它们缩放到任意尺寸，可以按任意分辨率打印，而不会丢失细节或降低清晰度。因此，矢量图形最适合表现醒目的图形。矢量图形在缩放到不同大小时依然保持线条清晰。如下图所示为矢量图缩放前后的效果对比图。

 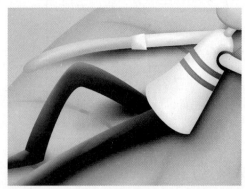

1.6　职场特训

本章主要讲解了 Photoshop CS4 的新增功能，启动和退出的方法，Photoshop CS4 的界面介绍以及一些常用的术语。学习完本章知识后，下面通过一个实例，巩固本章知识。

特训：打开"字符\段落"面板

1. 选择"窗口"｜"字符"命令。
2. 打开"字符"面板。
3. 选择"段落"选项卡，打开"段落"面板。

第2章

Photoshop CS4
基础操作

精彩案例

保存新建文件"椭圆.psd"

使用"打开"对话框打开一副或多副图像文件

在"拾色器"中调整前景色和背景色

通过功能按钮调整"郁金香.jpg"的显示比例

本章导读

　　本章主要介绍 Photoshop CS4 的基础操作，包括新建、保存、打开文件，前景色与背景色的设置，根据需要调整图像的显示比例以及 Photoshop CS4 中辅助工具的介绍。掌握了这些基础知识，才能为后面的操作打下坚实的基础。

2.1 新建文件

新建 Photoshop CS4 文件包括两种方式：一种方式是新建空白文件；另一种方式是根据已有的模板新建文件。

2.1.1 新建空白文件

当用户需要利用 Photoshop CS4 绘制图形时，可新建一个空白文件，然后设置需创建空白文件的宽度和高度。

新手演练 Novice exercises 新建一个空白文件

Step 01 单击"文件"菜单项，在弹出的菜单中选择"新建"命令。

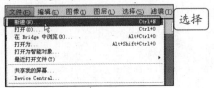

Step 02 打开"新建"对话框，在"名称"文本框中输入文件名，这里输入"绘制图形"，在"预设"下拉列表框中选择文件的样式，如选择"默认 Photoshop 大小"选项。

Step 03 此时，可以看到下方的选项中自动显示了默认 Photoshop 的高度、宽度、分辨率值和颜色模式。

Step 04 由于需要自定义新建文件的大小和颜色模式，这里在"预设"下拉列表中选择"自

定"选项，在下方文本框中设置"宽度"和"高度"值均为"20"厘米，在"背景内容"下拉列表框中选择"背景色"选项。

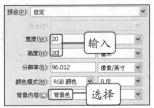

Step 05 单击 确定 按钮，可以看到新建的空白文件，由于此时背景色为红色，所以新建文件颜色为红色。

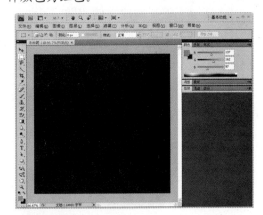

职场经验谈 Workplace Experience

如果用户需要存储自定义的文档模板，可先设置好宽度、高度和分辨率等参数，然后单击 存储预设(S)... 按钮。

2.1.2 根据模板创建文件

为了节省时间，但又想创建出具有专业水准的文档，此时可以根据模板新建文件。默认情况下，Photoshop CS4 提供了预设的、具有专业化的模板用于创建空白文件。用户可以直接使用这些模板而无需再设置其宽度、高度等。

  根据模板新建文件

Step 01 单击"文件"菜单项，在弹出的菜单中选择"新建"命令。

Step 02 打开"新建"对话框，在"名称"文本框中输入新建文件的名称"文档 1"，在"预设"下拉列表框中选择"美国标准纸张"选项。

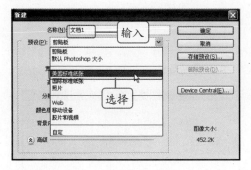

Step 03 激活下方的选项，在"大小"下拉列表框中选择每个标准用纸的大小，这里选择"小报用纸（Tabloid）"选项。

Step 04 单击 __确定__ 按钮，返回 Photoshop CS4 中可以看到根据小报用纸模板新建的空

白文件。

Step 05 重新打开"新建"对话框，在"名称"文本框中输入"文件 2"，在"预设"下拉列表框中选择"照片"模板，在"大小"下拉列表中选择照片模板的大小，这里选择"横向；8×10"选项。

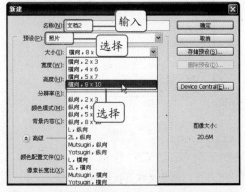

Step 06 单击 __确定__ 按钮，返回 Photoshop CS4 中可以看到新建的"文件 2"的效果。

在工作区中，按住 **Ctrl** 键不放并双击，或者按 **Ctrl+N** 组合键都可以打开"新建文件"对话框。

2.2 保存文件

新建文件后，为了防止在编辑过程中突然断电或其他意外事故发生，需要将新建的文件进行保存，如果需要更改保存后的文件路径、名称和文件类型，则可以采用"另存为"的方式另存文件。下面就分别介绍这两种保存文件的方式。

2.2.1 保存新建文件

如果用户第一次对所创建的文件进行保存，可以采用保存新建文件的方式。在保存文件时需要设置保存该文件的路径、文件名称和文件类型。

 保存新建文件"椭圆.psd"

Step 01 单击"文件"菜单项，在弹出的菜单中选择"存储"命令。

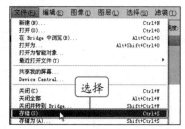

Step 02 打开"存储为"对话框，在"保存在"下拉列表框中选择保存该文件的路径。

用户在对图像文件进行编辑的过程中，为了能够及时保存更改的操作，可按 **Ctrl+S** 组合键及时进行保存。

Step 03 在"文件名"文本框中输入保存该文件的名称，这里输入"椭圆"，然后在"格式"下拉列表框中选择文件类型，这里选择保存的类型为"Photoshop(*.PSD:*.PDD)"，设置完毕后单击 保存(S) 按钮。

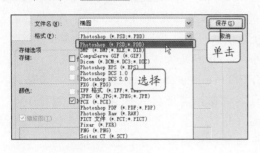

Step 04 返回文件中，可以看到保存后的文件中显示了文件的名称和文件类型。

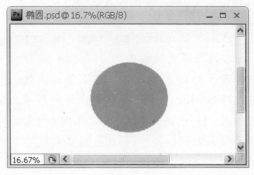

2.2.2　另存为文件

如果要对已经保存过的文件进行新的操作，或对已经保存过的文件重新更改其路径、文件名称或文件类型，同时保留原有图像效果和修改后的图像效果时，可以采用"另存为"方式另存文件。

 新手演练　将"椭圆.psd"图形文件另存为"椭圆.jpg"

Step 01 单击"文件"菜单项，在弹出的菜单中选择"存储为"命令。

Step 02 打开"存储为"对话框，在其中可以重新选择文件保存的路径、文件名和格式。这里在"格式"下拉列表框中重新选择保存文件的类型为"JPEG(*.JPG:*.JPEG:*.JPE)"选项，单击 保存(S) 按钮。

PSD 格式支持最大为 2GB 的文件，在 Photoshop CS4 中，如果要处理超过 2GB 的文件，可使用 PSB 或 TIFF 格式存储图像。

在保存文件时根据不同的需要选择不同的保存文件类型，下面简单介绍常用的文件格式。

 **知识点拨 Knowledge　　常用文件格式介绍**

TIFF 文件格式：TIFF（Tag Image File Format, 有标签的图像文件格式）是 Aldus 在 Mac 初期开发的，目的是使扫描图像标准化。它是跨越 Mac 与 PC 平台最广泛的图像打印格式。TIFF 使用 LZW 无损压缩，大大减少了图像体积。另外，TIFF 格式最优秀的功能是可以保存通道，这有利于处理图像。标记图像文件格式(TIFF)用于在应用程序和计算机平台之间交换文件。TIFF 是一种灵活的位图图像格式，几乎受到所有绘画、图像编辑和页面排版应用程序的支持。而且，几乎所有桌面扫描仪都可以产生 TIFF 图像。TIFF 文档的最大文件大小可以达到 4GB。Photoshop CS 支持以 TIFF 格式存储的大型文档。但是，大多数其他应用程序和旧版本的 Photoshop 不支持文件大小超过 2GB 的文档。TIFF 格式支持具有 Alpha 通道的 CMYK、RGB、Lab、索引颜色和灰度图像，并支持无 Alpha 通道的位图模式图像。Photoshop 可以在 TIFF 文件中存储图层。但是，如果在另一个应用程序中打开该文件，则只有拼合图像是可见的。Photoshop 也能以 TIFF 格式存储注释、透明度和多分辨率金字塔数据。

JPEG 文件格式：JPEG 文件格式是印刷品和万维网发布的压缩文件的主要格式。它是一个最有效、最基本的有损压缩格式，被极大多数的图形处理软件所支持。JPEG 格式的图像还广泛用于 Web 的制作。如果对图像质量要求不高，但又要求存储大量图片，使用 JPEG 格式是首选。但如果进行图像输出打印，最好不使用 JPEG 格式，因为它是以损坏图像质量而提高压缩容量的。建议使用诸如 EPS、DCS 这样的格式。以 JPEG 文件格式保存的图像实际上是两个不同格式的混合物，JPEG 格式用来定义图像的压缩方法，并且被包在定义分辨率和颜色模式的图像数据格式中。Photoshop 和实际上每个能读取和写入 JPEG 文件格式的其他应用程序，以 JFIF 文件格式(JPEG 文件交换格式，JPEG File Interchonge Format）或与 JFIF 格式非常像的其他格式保存图像数据。JFIF 文件格式只是将一种图像格或环绕 JPEG 压缩的一种简单方法，没有其他的更多功能。JPEG 使用了有损压缩格式，使其成为迅速显示图像并保存较好分辨率的理想格式。

GIF 文件格式：GIF 是输出图像到网页所常采用的格式。GIF 采用 LZW 压缩，限定在 256 色以内的色彩。GIF 格式以 87a 和 89a 两种代码表示。GIF87a 严格支持不透明像素。而 GIF89a 可以控制哪些区域透明。因此，更大地缩小了 GIF 的尺寸。

PSD 文件格式：PSD 格式是 Photoshop 新建图像的默认文件格式，且是唯一支持所有可用图像模式（位图、灰度、双色调、索引颜色、RGB、CMYK、Lab 和多通道）、参考线、alpha 通道、专色通道和图层（包括调整图层、文字图层和图层效果）的格式。

PDF 文件格式：PDF（Portable Document Format）是由 Adobe Systems 创建的一种文件格式，允许在屏幕上查看电子文档。PDF 文件还可被嵌入到 Web 的 HTML 文档中。可移植文档格式（PDF）是特意用来保持原始应用程序文件的字体、图像、图形及格式的。Macintosh, Windows 和 UNIX 用户使用 Adobe Acrobat Reader 和 Adobe Acrobat Exchange 可以查看、共享和打印 PDF 文件。用户可以导入整个 PDF 文件，或者导入文件或多个页面中的个别页面。

PNG 文件格式：PNG (Portable Network Graphic Format，PNG)名称来源于非官方的 "PNG's Not GIF"，是一种位图文件(bitmap file)存储格式，读成 "ping"。PNG 用来存储灰度图像时，灰度图像的深度可多到 16 位，存储彩色图像时，彩色图像的深度可多到 48 位，并且还可存储多到 16 位的 α 通道数据。PNG 使用从 LZ77 派生的无损数据压缩算法。PNG 是 20 世纪 90 年代中期开始开发的图像文件存储格式，其目的是企图替代 GIF 和 TIFF 文件格式，同时增加一些 GIF 文件格式

所不具备的特性。

CDR 文件格式：CorelDRAW（CDR）文件主要针对矢量图形绘图。矢量将图片定义为图形原语列表（矩形、线条、弧形和椭圆）。矢量是逐点映射到页面上的，因此在缩小或放大矢量图形的大小时，原始图像不会变形。

BMP 文件格式：BMP(Windows Bitmap)是微软开发的 Microsoft Pain 的固有格式，这种格式被大多数软件所支持。BMP 格式采用了一种叫 RLE 的无损压缩方式，对图像质量不会产生影响。

2.3　打开文件

打开图像文件的方法有很多种，包括使用"打开"对话框打开、在图像窗口中拖动打开、以规定格式打开、打开最近使用的图像文件和运用浏览器打开图像文件 5 种方法，下面分别进行介绍。

2.3.1　使用"打开"对话框打开

选择"文件"｜"打开"命令，可打开"打开"对话框，在该对话框中可选择一副或多副需要打开的图像文件，然后单击 打开(O) 按钮即可打开文件。

新手演练 Novice exercises　使用"打开"对话框打开一幅或多幅图像文件

Step 01　单击"文件"菜单项，在弹出的菜单中选择"打开"命令。

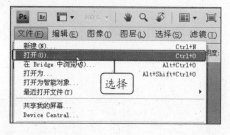

Step 02　在"打开"对话框中，单击"查找范围"下拉按钮，在弹出的下拉列表中选择需要打开文件的路径，然后在下方列表框中选择需打开的文件，此时将在对话框最下方显示选择图像文件的预览效果。单击 打开(O) 按钮。

Step 03　系统自动在 Photoshop CS4 中打开选择的图像文件。

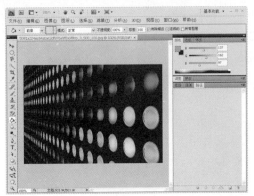

Step 04　如果用户需要一次性打开多张图像文件，可在"打开"对话框中按住 **Ctrl** 键的同时选择多个需打开的图像文件，然后再单击  按钮。

Step 05　被选择的图像文件同时被打开。

温馨提示牌
Warm and prompt licensing

在工作界面中按 **Ctrl+O** 组合键，或者直接在图像窗口中双击，也可以打开"打开"对话框。

2.3.2　在图像窗口中拖动打开

在文件夹中选择要打开的图像文件，然后将其拖曳至任务栏中的 **Photoshop CS4** 最小化窗口上，也可以打开图像文件。

 新手演练　**在图像窗口中拖动打开图像文件**
Novice exercises

Step 01　打开需打开图像文件所在的文件夹，选择需打开的图像。

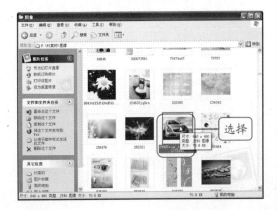

Step 02　按住鼠标左键不放，将其拖曳至任务栏中的最小化窗口上。

Step 03　系统自动切换至 Photoshop CS4 窗口中，将图像文件拖曳至图像窗口中。

拖曳至图像窗口

Step 04　释放鼠标左键，即可在 Photoshop CS4 中打开选择的图像文件。

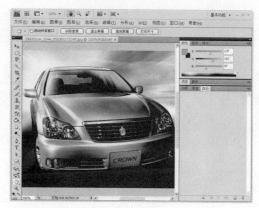

2.3.3　以规定格式打开图像文件

如果使用与文件的实际格式不匹配的扩展名存储文件，或者文件没有扩展名，则 Photoshop 可能无法打开该文件。选择正确的格式将使 Photoshop 能够识别和打开文件。

新手演练　**以 JPEG 格式打开图像文件**
Novice exercises

Step 01　如果要将某个图像文件以特定的文件格式打开，可单击"文件"菜单项，在弹出的菜单中选择"打开为"命令。

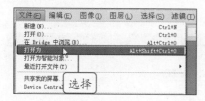

选择

选择

单击

Step 02　打开"打开为"对话框，在"查找范围"下拉列表框中选择需打开的文件。在"打开为"下拉列表框中选择要打开文件的格式，这里在"打开为"下拉列表框中选择 JPEG 格式，打开以 JPEG 格式显示的图像。

温馨提示牌
Warm and prompt licensing

按住 Alt 键的同时双击，也可以打开"打开为"对话框。

Step 03　系统自动打开选择的图像。

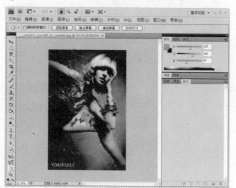

2.3.4 打开最近使用的图像文件

如果用户想打开最近打开而又关闭的图像文件，而再采用前面讲解的方法打开文件就太过麻烦，**Photoshop** 将最近打开过的文件进行了保存，用户可以通过"最近打开文件"命令打开文件。

新手演练 快速打开最近使用的图像文件

Step 01 选择"文件"｜"最近打开文件"命令，在弹出的下拉列表中列出了最近使用的10 个图像文件，选择需打开的文件。

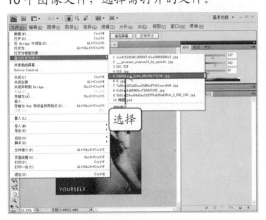

Step 02 系统将打开所选择的最近使用的图像文件。

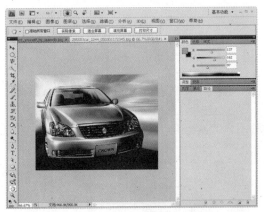

Step 03 如果用户需要更改显示的最近使用文件数目，可单击"编辑"菜单项，在弹出的菜单中选择"首选项"命令，在其弹出的级联菜单中选择"常规"命令。

Step 04 打开"首选项"对话框，单击"文件处理"选项卡，在"近期文件列表包含"文本框中输入需显示的最近使用文档的数目，这里输入"7"，然后单击 确定 按钮。

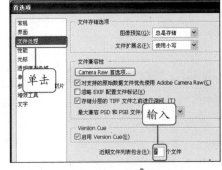

温馨提示牌
Warm and prompt licensing

如果要清除"最近打开文件"菜单选项中的文件，可选择"清除最近"命令。

2.3.5　运用浏览器打开图像文件

除了上面介绍的 4 种打开图像文件的方法外，还可以使用浏览器来打开图像文件。

　运用 Bridge 浏览器打开图像文件

Step 01　单击栏题栏中的"启动 Bridge"按钮■。

Step 02　系统将自动打开 Bridge 浏览器，在左侧的"文件夹"列表框中选择需打开图像文件所在的文件夹。

Step 03　在中间的列表框中显示了该文件夹中包括的所有图像文件，双击需打开的文件。

Step 04　片刻后，切换至 Photoshop CS4 中，系统将自动打开选择的图像文件。

2.4　切换屏幕方式

有时为了更好地查看图像效果，可以快速地切换到图像的不同显示模式来查看图像。用户可以根据自己的需要选择不同的模式对图像文件进行查看。下面以打开素材文件中的"郁金香.jpg"文件为例，分别在不同模式下进行查看。

　视图模式介绍

标准屏幕模式：如果要显示默认模式（菜单栏位于顶部，滚动条位于侧面），可选择"视图"|"屏幕模式"|"标准屏幕模式"命令。或者单击应用程序上的"屏幕模式"按钮■ ▼，在弹出的下拉列表中选择"标准屏幕模式"选项。

带有菜单栏的全屏模式：如果要显示带有菜单栏和50%灰色背景，但没有标题栏和滚动条的全屏窗口，可选择"视图"｜"屏幕模式"｜"带有菜单栏的全屏模式"命令，或者单击应用程序栏上的"屏幕模式"按钮　，在弹出的下拉列表中选择"带有菜单栏的全屏模式"选项。

全屏模式：如要要显示只有黑色背景的全屏窗口（无标题栏、菜单栏或滚动条），可选择"视图"｜"屏幕模式"｜"全屏模式"命令，或在"屏幕模式"下拉列表中选择"全屏模式"选项。

按 F 键可以快速在各种屏幕模式间切换。当用户切换到带有菜单栏的全屏模式和全屏模式时，还可以按 Shift+F 组合键，来选择切换是否显示菜单栏。

2.5　前景色和背景色的设置

　　Photoshop 使用前景色来绘画、填充和描边选区，使用背景色来生成渐变填充和在图像已抹除的区域中填充。一些特殊效果滤镜中也使用前景色和背景色。用户可以使用"吸管工具"、"颜色"面板、"色板"面板或 Adobe "拾色器"指定新的前景色或背景色。

2.5.1　分别设置前景色和背景色

　　默认情况下，前景色是黑色，背景色是白色（在 Alpha 通道中，默认前景色是白色，默认背景色是黑色）。如果用户需更改这种默认的前景色和背景色时，可按照如下方式进行操作。

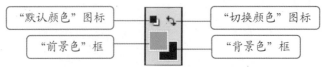

1. 使用 Abode "拾色器" 设置前景色和背景色

通过 Abode "拾色器" 设置前景色和背景色是最常用的选择颜色的方法。

新手演练 Novice exercises　在 "拾色器" 中调整前景色和背景色

Step 01　单击工具箱中 "前景色" 框，打开 "拾色器（前景色）" 对话框，在该对话框中选取需要的颜色，这里选择红色，然后单击 ▢ 确定 ▢ 按钮。

击 ▢ 确定 ▢ 按钮。

Step 03　在 "拾色器" 中调整完毕后，此时可以在工具箱中看到背景色和前景色的变化。

Step 02　单击工具箱中 "背景色" 框，打开 "拾色器（背景色）" 对话框，同样选择所需要的颜色作为背景色即可，这里选择绿色，单

2. 使用 "颜色" 面板和 "色板" 面板调整前景色和背景色

Photoshop CS4 中，还可以通过 "颜色" 面板和 "色板" 面板选择颜色。

新手演练 Novice exercises　使用 "颜色" 面板和 "色板" 面板更改前景色和背景色

Step 01　选择该面板中的前景色框，利用 "吸管工具" ✐ 汲取颜色进行取样，这里选择黄色。

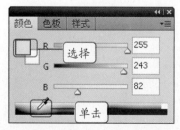

Step 02　选择背景色框，同样利用 "吸管工具" ✐ 汲取颜色进行取样，这里选择背景色为深绿色。

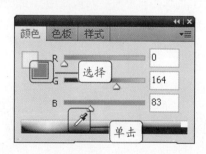

Step 03　如果要使用 "色板" 选项卡设置前景色和背景色，首先在 "颜色" 选项卡下选择需设置的前景色选择框，然后单击 "色板" 选项卡，利用 "吸管工具" ✐ 汲取所需的颜色，这里选择 RGB 青色。

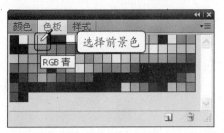

Step 04 单击"颜色"选项卡，在该选项卡中选择需设置的背景色选择框。

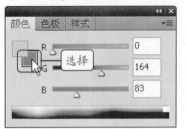

Step 05 单击"色板"选项卡，利用"吸管工具" ✐ 汲取背景色所需的颜色，这里选择 RGB 洋红色。

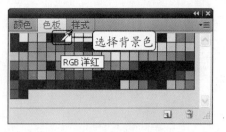

Step 06 查看工具箱中的前景色和背景色选择框，颜色已经更改为青色和洋红色。

温馨提示牌
Warm and prompt licensing

在"颜色"面板中，双击前景色或背景色选择框，同样可以打开"拾色器"对话框进行颜色选择。

2.5.2 快速切换前景色和背景色

设置完前景色和背景色后，如果发现前景色和背景色的颜色设置错误，需要互换，或者想恢复到原有的颜色模式下，此时可以快速切换前景色和背景色。

知识点拨
Knowledge
前景色和背景色的互换以及默认颜色的切换

恢复默认颜色：如果要恢复默认前景色和背景色，可单击工具箱中的"默认颜色"图标▣。

恢复切换颜色：如果要互换前景色和背景色，可单击工具箱中的"切换颜色"图标⤵。

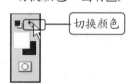

2.5.3 "拾色器"对话框

在 Adobe 拾色器中，可以使用 4 种颜色模型来选取颜色，即 HSB、RGB、Lab 和 CMYK。使用 Adobe 拾色器可以设置前景色、背景色和文本颜色。也可以为不同的工具、命令和选项设置目标颜色。

可以对 Adobe 进行配置以便只选择 Web 安全颜色调板中的颜色，或从特定颜色系统中选择颜色。

Adobe 拾色器中的色域将显示 HSB 颜色模式、RGB 颜色模式和 Lab 颜色模式中的颜色分量。如果用户知道所需颜色的数值，则可以在文本框中输入该数值，也可以使用颜色滑块和色域来预览要选取的颜色。在使用色域和颜色滑块调整颜色时，对应的数值会相应地调整。颜色滑块右侧的颜色框中的上半部分将显示调整后的颜色，下半部分将显示原始颜色。当颜色"不是 Web 安全颜色" 🔲,或者颜色是可打印色域之外的颜色（不可打印的颜色）时将出现警告⚠️。

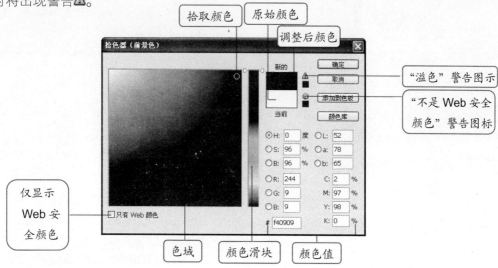

1. 使用 HSB 模式选取颜色

HSB 模式以人们对颜色的感觉为基础，描述了颜色的 3 种基本特性。H 表示色相；S 表示饱和度；B 表示亮度。

新手演练　**通过指定 H、S、B 值选取颜色**
Novice exercises

Step 01　打开"拾色器（背景色）"对话框，点选"H"单选按钮，在"H"文本框中输入一个数值或拖动颜色滑块选择一个色相。

色相调整颜色的饱和度。

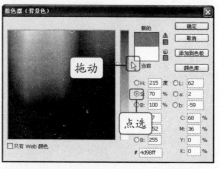

Step 03　点选"B"单选按钮，在"B"文本框中输入一个数值或在颜色滑块中选择一个色相调整颜色的亮度。

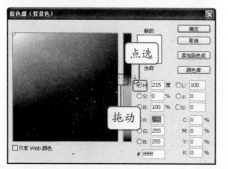

Step 02　点选"S"单选按钮，在"S"文本框中输入一个数值或拖动颜色滑块选择一个

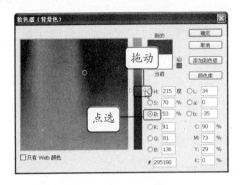

2. 使用 RGB 模式选取颜色

Photoshop 中 RGB 颜色模式使用 RGB 模型,并为每个像素分配一个强度值。在 8 位通道的图像中,彩色图像中的每个 RGB 分量的强度值为 0~255。

新手演练 通过指定红色、绿色和蓝色分量来选取颜色
Novice exercises

Step 01　在拾色器的 R、G、B 文本框中输入数值,指定介于 0~255 之间的分量值(0 表示无色,255 表示纯色)。这里输入 R、G 和 B 的值分别为 0、255 和 0,此时用户可以看到调整后的色板上颜色的变换。

进行可视化选取,首先需点选所对应的 R、G 和 B 单选按钮。这里点选 "R" 单选按钮,然后拖动颜色滑块进行调整。

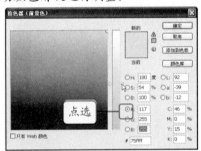

Step 03　相同的方法,可点选 "G" 和 "B" 单选按钮,拖动颜色滑块进行调整。

Step 02　如果要使用颜色滑块和色域对颜色

3. 使用 Lab 模式选取颜色

Lab 模式是由 RGB 模式转换为 CMYK 模式的中间模式。它是由照度(L)和有关色彩

的 a，b 三个要素组成。作为 Photoshop 的标准颜色模式之一，其特点是在使用不同的显示器或打印设备时，所显示的颜色都是相同的。

新手演练 *Novice exercises*　**通过指定 L、a、b 值选取颜色**

Step 01 当基于 Lab 颜色模式选取颜色时，L 值用于指定颜色的明亮度；a 值用于指定颜色的红绿程度；b 值用于指定颜色的蓝黄程度。在拾色器中，分别输入 L 的值（从 0 ~ 100）以及 a 和 b 的值（从 -128 ~ +127）。

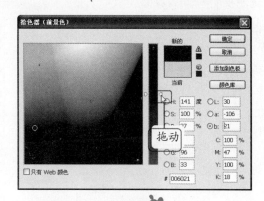

Step 02 也可以先点选 L、a 或 b 单选按钮，然后拖动颜色滑块或色域来调整颜色。

温馨提示牌 *Warm and prompt licensing*

如果勾选"拾色器"对话框左下角的"只有 Web 颜色"复选框，所拾取的任何颜色都是 Web 安全颜色。

4. 使用 CMYK 模式选取颜色

　　用户可以通过将每个分量值指定为青色、洋红色、黄色和黑色的百分比来选取颜色。在拾色器中，通过输入 C、M、Y、K 的百分比值或使用颜色滑块和色域来选取颜色。

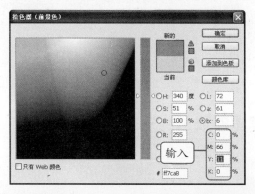

2.6　调整图像显示比例

　　如果用户想设置图像文件的不同部位，可以根据用户的需求调整图像的显示比例。本节将使用两种方法来调整图像的显示比例：一种方法通过功能按钮调整显示比例；另一种方法是通过快捷键调整显示比例。

2.6.1　通过功能按钮调整显示比例

　　用户可通过标题栏中的"缩放级别"下拉列表选择缩放比例，也可以输入所需的比例值，还可以在下方的状态栏中设置图像的显示比例。

新手演练　通过功能按钮调整"郁金香.jpg"的显示比例

Step 01　打开素材文件中的"郁金香.jpg"图像文件，在标题栏中单击"缩放级别"下拉列表框右侧的下拉按钮,在弹出的下拉列表中选择图像缩放的比例，这里选择"100%"选项。

Step 02　可以看到图像由原来的 50%放大到100%后的效果。

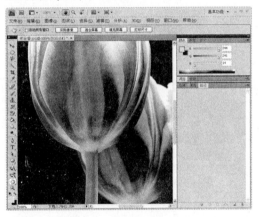

Step 03　在"缩放级别"下拉列表框中只列出了几个有限的缩放比例，用户还可以根据需要，在"缩放级别"文本框中输入比例值，这里输入"80%"。输入完毕后按 Enter 键即可将图像缩放到80%。

Step 04　还可以在状态栏中的文本框中输入图像需缩放的比例,这里输入"60%",按 Enter键即可将图像缩放到60%。

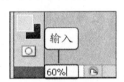

温馨提示牌
Warm and prompt licensing

　　先将鼠标光标定位在状态栏中的文本框中，然后通过滚动鼠标的滑轮也可以调整图像显示比例。

2.6.2　通过快捷键调整显示比例

　　除了通过前面讲解的方法来调整图像的显示比例外，用户还可以通过快捷键来调整显示比例。如果要放大图像，可按 Ctrl++组合键，如果要缩小图像，可按 Ctrl+-组合键。

新手演练　利用快捷键调整"绿叶.jpg"的显示比例

Step 01　打开素材文件中的"绿叶.jpg"图像文件,可以在菜单栏的"缩放级别"文本框中

查看到当前打开图像的显示比例为"33.33%"。

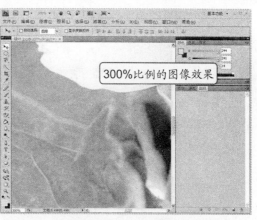

300%比例的图像效果

25%比例的图像效果

50%比例的图像效果

Step 02　按 Ctrl++组合键将图像放大，再按一次该组合键后，可以看到图像放大到 50% 的效果。

Step 04　按 Ctrl+-组合键可缩小图像比例，如下图所示为将图片缩小至 25% 的效果。

Step 03　继续按 Ctrl++组合键，将不断放大图像，可以看到图像已经放大到 300%。

Z 职场经验谈
Workplace Experience

放大级别超过 500% 时，图像的像素网格将可见。

2.7　辅助工具的应用

Photoshop 中的辅助工具主要包括缩放工具、抓手工具、标尺、网格和参考线等，本节将分别介绍其功能和使用方法。

2.7.1　缩放工具的应用

"缩放工具" 可以将图像成比例地放大或缩小显示，以便细致地观察或处理图像的局部细节。使用缩放工具时，每单击一次都会将图像放大或缩小到下一个预设百分比，并以用户单击的点为中心将显示区域居中。单击工具箱中的 "缩放工具" 按钮，在图像窗口中按住鼠标左键不放并拖出一个矩形虚线框，释放鼠标后即可将虚线框中的图像放大显示。

新手演练 Novice exercises 　缩放"郁金香.jpg"图像文件

Step 01 在工具箱中单击"缩放工具"按钮 🔍，此时工具栏呈下图所示的状态，单击"放大"按钮 🔍。

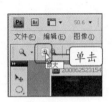

Step 02 在图像窗口中单击，或者按住鼠标左键不放在图像窗口需放大位置拖动鼠标绘制虚线框。

Step 03 此时，被拖曳的选区局部图像进行了放大。

温馨提示牌 Warm and prompt licensing

还可以在标题栏中单击"缩放工具"按钮 🔍，同样可以启动缩放功能，对图像进行缩放。

2.7.2 抓手工具的应用

在日常操作时，当图像放大显示后，图像的某些部分将超出当前窗口的显示区域，无法在图像窗口中完全显示，此时窗口将自动出现垂直或水平滚动条，如果要查看被放大的图像的其他隐藏区域，此时就可以利用工具箱中的"抓手工具" 🖐，在画面中按住鼠标左键不放并拖动，从而在不影响图层相对位置的前提下平移图像在窗口中的显示位置，以方便观察图像窗口中无法显示的内容。

抓手工具可以用来移动画布，以改变图像在窗口中的显示位置。双击"抓手工具"按钮 🖐，将自动调整图像大小以适合屏幕的显示范围。选择"抓手工具" 🖐，工具箱中将显示  4 个按钮。通过单击不同的按钮，可以调整显示的图像效果。

使用抓手工具查看"郁金香.jpg"图像

Step 01 在工具箱中单击"抓手工具"按钮
🖐，此时鼠标光标变成手状。

Step 02 按住鼠标左键不放，在图像文件中
随意拖动，以便查看图像文件的隐蔽部分。

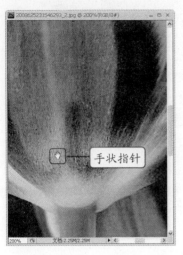

手状指针

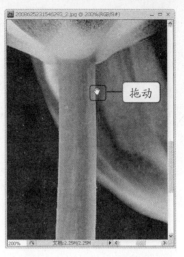

拖动

2.7.3　标尺

标尺可以帮助用户精确定位图像或元素，标尺会出现在当前活动图像窗口的顶部和左侧。当用户移动指针时，标尺内的标记会显示指针的位置。

更改标尺的零原点

Step 01 打开素材文件中的"绿叶.jpg"图像
文件。如果用户需要在图像窗口中显示出标
尺，可以选择"视图"菜单项，在弹出的菜单
中选择"标尺"命令。

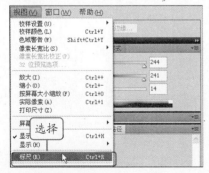

选择

Step 02 看到图像窗口中显示出了标尺。可
以用标尺精确定位图像的长度和宽度。

Step 03 将鼠标光标放在图像窗口左上角标
尺的交叉点处，然后按住鼠标左键沿对角线方
向拖动到图像上。用户会看到一组十字线。

Step 04 拖动至横、纵坐标都为 2 时，释放鼠标左键，此时可以看到新的原点。

温馨提示牌 *Warm and prompt licensing*

如果要将标尺的原点复位到其默认值，可双击标尺的左上角。

2.7.4 网格

　　网格可帮助用户精确定位图像或元素。网格对于对称排列图像很有用，网格在默认情况下显示为不打印线条，但也可以显示为点。

新手演练 *Novice exercises*　　**显示网格**

Step 01 打开素材文件中的"绿叶.jpg"图像文件。单击"视图"菜单项，在弹出的菜单中选择"显示"命令，在其弹出的下一级菜单中选择"网格"命令。

Step 02 可以看到当前打开的图像窗口中显示出了网格线。

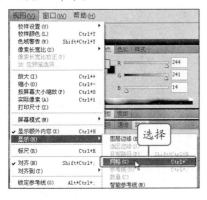

2.7.5 参考线

　　参考线可以帮助用户精确定位图像或元素，参考线显示为浮动在图像上方的一些不会打印出来的线条，用户可以移动或移去参考线，还可以锁定参考线，防止将其意外移动。

　置入参考线

Step 01　打开素材文件中的"绿叶.jpg"图像文件。单击"视图"菜单项，在弹出的菜单中选择"新建参考线"命令。

Step 02　打开"新建参考线"对话框，选择新建参考线类型，这里点选"垂直"单选按钮，然后在"位置"文本框中输入新建垂直参考线的长度，例如输入"8 厘米"。最后单击　确定　按钮即可。

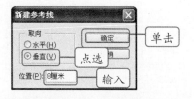

Step 03　返回图像窗口中，可以看到图像窗口中显示出了一条垂直方向的参考线。

Step 04　用相同的方法，打开"新建参考线"对话框，点选"水平"单选按钮，在"位置"文本框中输入"10 厘米"，最后单击　确定　按钮。

Step 05　返回图像窗口中，可以看到图像窗口中新添加了一条水平方向的参考线。

Step 06　如果用户需要移动参考线，可将鼠标光标移至需要移动的参考线上，然后拖动创建的参考线至理想位置后释放鼠标。

2.8 职场特训

　　本章主要讲解了如何新建、保存和打开文件，三种屏幕模式的切换，前景色和背景色的设置，图像显示比例的调整以及辅助工具的使用等内容。这些知识都是进一步学习Photoshop CS4 的基础。学习完本章节内容后，下面通过两个实例巩固本章知识。

特训 1: 新建文件并填充颜色

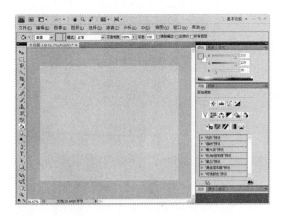

1.　选择"文件"|"新建"命令。

2.　打开"新建"对话框，选择预设的"照片"样式。

3.　设置前景色为"黄色"（R:222、G:229、B:35）。

4.　选择工具箱中的"油漆桶工具"，移至新建文件中单击，填充颜色。

特训 2: 调整"化妆品"广告图片

1.　选择"文件"|"打开"命令。

2.　打开"化妆品.jpg"图像文件。

3.　按 Ctrl++组合键将图片放大到 16.7%的图像比例效果。

4.　在工具箱中选择"抓手工具" ，按住鼠标左键不放并拖动，直至显示出需要查看的图像位置。

第3章

文本的编辑

精彩案例

使用横排文字工具添加文本

使用横排文字蒙版工具添加文本

输入段落文本

使用"字符"面板设置字体

本章导读

在图像中添加精美的文字，可以对图像起到画龙点睛的作用，并且图文并茂的设计已经成为现在设计的主流。本章主要介绍如何使用 Photoshop CS4 中的文字工具在图像中进行输入和编辑，并重点介绍 Photoshop CS4 中特殊文字效果的制作方法。

3.1 创建点文字

点文字是一个水平或垂直文本行，它从用户在图像中单击的位置开始。要向图像中添加少量文字，在某个点输入文本是一种简捷的方式。横排文字工具和直排文字工具都可以在图像中输入文字或字母。

3.1.1 使用横排文字工具

在 **Photoshop CS4** 中，系统默认选择横排文字工具，如果不特别进行设置，所输入的文字均为横排文字。

使用横排文字工具添加文本（源文件\第 3 章\横排文字工具.psd）

Step 01 打开素材文件中的"蒲公英.jpg"图像文件，单击工具箱中的"横排文字工具"按钮 **T**，在图像中单击，将文本插入点定位在需插入文本的位置。

Step 02 输入点文字"秋天的童话"，可以看到输入的文字即出现在新的文字图层中。

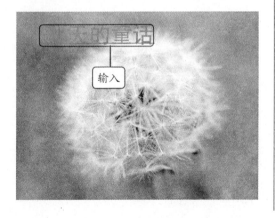

Step 03 选择输入的点文字，在属性栏中的"设置字体系列"下拉列表框中选择字体，这里选择"华文隶书"选项。

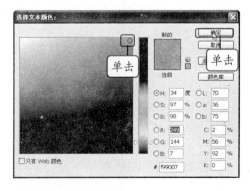

Step 04 在属性栏中单击"设置文本颜色"图标，打开"选择文本颜色："对话框，在该对话框中选择点文字的字体颜色，这里选择"橙色"（R:249,G:144,B:7）。

Step 05 单击 确定 按钮，返回图像窗口中，单击 ✓ 按钮应用输入。

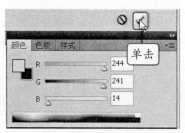

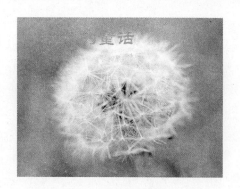

Step 06 经过以上设置后，可看到输入到图像中的点文字效果。

3.1.2 使用直排文字工具

利用直排文字工具可输入竖向排列的文字，输入直排文字的方法与输入横排文字的方法基本相同。

新手演练 **使用直排文字工具添加文本**（源文件\第3章\竖排文字工具.psd）
Novice exercises

Step 01 打开素材文件中的"蒲公英.jpg"图像文件，右击工具箱中的"横排文字工具"按钮 T，在弹出的工具条中选择"直排文字工具" T，在图像文件中单击定位文本插入点。

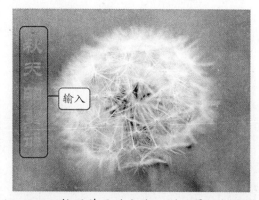

Step 03 按照前面的方法，利用属性栏设置文字的颜色、字体和大小等，最后单击 ✓ 按钮应用输入。

Step 02 输入点文字"秋天的童话"，可以看到输入的文字即出现在新的文字图层中并竖向放置。

温馨提示牌
Warm and prompt licensing

当用户输入点文字时，每行文字都是独立的，行的长度随着编辑增加或缩短，但不会换行，输入完毕后输入的文字即出现在新的文字图层中。

3.2　设置文本的基本属性

　　在介绍横排文字工具时，已经简单介绍了利用属性栏对输入的点文字进行格式设置的方法，还可以对已经输入的文字进行文本的设置。本节将具体介绍设置文本基本属性的方法。

 设置"钻石"英文宣传语属性（源文件\第 3 章\文本的基本属性.psd）

Step 01　打开素材文件中的"钻石.psd"图像文件，可以看到在图像中已经添加了一段英文宣传标语。

Step 02　单击工具箱中的"横排文字工具"按钮 **T**，在属性栏中的"设置字体大小"下拉列表框中选择字体的大小，这里选择"40点"选项，此时的字体大小明显增大。

Step 03　在属性栏中单击"设置文本颜色"图标，打开"设置文本颜色："对话框，在该对话框中调整文字颜色为"桃红色"（R:244,G:38,B:145），然后单击　确定　按钮。

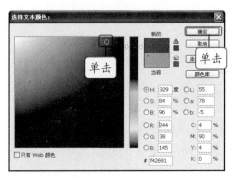

Step 04　应用了上一步骤中所选择的颜色，此时的文字效果如下图所示。

Step 05　在属性栏的"设置字体系列"下拉列表框中选择字体，这里选择"Vladimir Script"选项。

温馨提示牌　Warm and prompt licensing

　　在 RGB 或者 CMYK 颜色模式中，输入文字时，系统会自动添加一个文字图层。如果不支持图层的其他颜色模式（如灰度模式）时，则输入的文字直接添加到背景层中。

选项。

Step 06　在属性栏中的"设置消除锯齿的方法"下拉列表框中选择字形,这里选择"浑厚"

3.3　创建文字选区

如果只需要选择文字的轮廓,可以使用横排文字蒙版工具和直排文字蒙版工具。使用横排文字蒙版工具和直排文字蒙版工具时,可以创建文字形状的选区。文字选区出现的图层中,可以同任何其他选区一样对其进行移动、复制、填充或描边操作。

3.3.1　使用横排文字蒙版工具

如果需要直接输入包含选区的横排文字,则可以选择横排文字蒙版工具。横排蒙版文字的创建和横排文字不同,前者输入后会得到选区,要通过操作才能形成文字,输入文字时要先在属性栏中设置字体和字号,因为形成选区后就不能重新设置字体,然后在图像中单击输入文字,并形成选区,对于选区可以将其进行移动和填充。

新手演练　**使用横排文字蒙版工具添加文本**（源文件\第 3 章\横排文字蒙版工具.psd）

Step 01　打开素材文件中的"花朵.jpg"图像文件,在工具箱中单击"横排文字工具"按钮 **T**,在打开的图像文件中单击,将文本插入点定位在需插入文本的位置。

温馨提示牌

一个 PostScript 点相当于 72ppi 图像中的 1/72 英寸,用户也可以在"首选项"对话框的"单位和标尺"区域中更改默认的文字度量单位。

Step 02　可以看到图片的颜色发生了变化,

在属性栏中按照前面介绍的设置文本字体格式的方法，先设置文本的字体、大小等属性，然后在文本插入点处输入"美好记忆"蒙版文字。

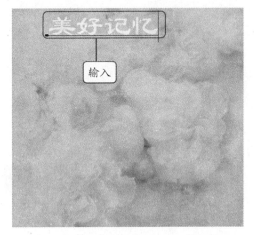

输入

Step 03 文本输入完毕后，单击✓按钮应用输入。

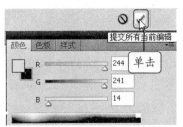

单击

Step 04 可以看到图片颜色恢复为原有的颜色，且输入的文本变成虚线状态。

Step 05 在属性栏中单击"设置文本颜色"图标，打开"设置文本颜色:"对话框，选择填充文本的颜色为"黑色"，然后单击 确定 按钮。

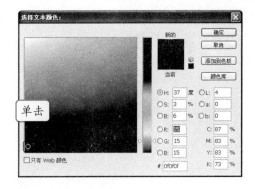

单击

Step 06 前景色变成了黑色，在工具箱中单击"油漆桶工具"按钮，此时鼠标光标变成油漆桶状态。

单击填充

Step 07 将鼠标光标移至文本上方并单击，文本填充为黑色，按 **Ctrl+D** 组合键取消选区，得到填充颜色后的效果。

填充效果

3.3.2　使用直排文字蒙版工具

直排文字蒙版工具与横排文字蒙版工具的使用方法相似，只是所输入的文本是竖直排列的。

新手演练 **使用竖排文字蒙版工具添加文本**（源文件\第3章\竖排文字蒙版工具.psd）

Step 01　打开素材文件中的"菜籽花.jpg"图像文件，单击工具箱中的"横排文字工具"按钮 T，在弹出的工具条中单击"直排文字蒙版工具"按钮 T，在打开的图像文件中单击，将文本插入点定位在需插入文本的位置。

Step 02　在属性栏中设置需输入文本的字体格式，然后在图片中输入文本"春天来了"。可以看到输入的文本竖直排列。

Step 03　单击 ✓ 按钮应用输入，此时文本变成虚线状态。

Step 04　单击属性栏中的"设置文本颜色"图标，打开"选择文本颜色："对话框，在该对话框中选择填充文本的颜色为"橙色"（R:245,G:154,B:12），然后单击 确定 按钮。

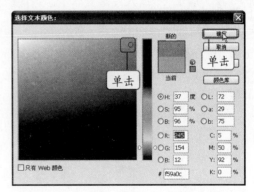

Step 05　在工具箱中单击"油漆桶工具"按钮 ，将鼠标光标移近虚线文本，单击填充选择的颜色。

温馨提示牌 Warm and prompt licensing

在文字商标设计中常需要制作变形文字，可先使用文字蒙版工具创建文字选区，然后将其转换成路径，最后编辑路径即可。

3.4 段落文本的编辑

段落文字的主要作用是为图像起说明作用，当在文本框中输入段落文字时，文字基于外框的尺寸换行。可以输入多个段落并选择段落调整选项。

3.4.1 创建文本框

段落文字的输入与点文字的输入有些不同，输入段落文字前首先需要创建文本框，在文本框中输入文字，形成排列整齐的文字。

新手演练 **输入段落文本**（源文件\第 3 章\情侣.psd）
Novice exercises

Step 01 打开素材文件中的"情侣.jpg"图像文件，单击工具箱中的"横排文字工具"按钮 **T**，或在弹出的工具条中单击"直排文字工具"按钮 **T**，然后在图像中沿对角线方向拖动，为文字定义一个文本框。

输入

拖动

Step 02 此时文本插入点会自动定位在文本框中，输入所需的文本即可。

3.4.2　编辑文本框

创建文本框后，用户可以调整文本框的大小，使文字在调整后的文本框内重新排列，也可以在输入文字时或创建文字图层后调整文本框，还可以对文本框进行旋转、缩放和斜切等操作。

　对文本框进行编辑（源文件\第 3 章\变形文字.psd）

Step 01　打开素材文件中的"情侣文字.psd"图像文件，将鼠标光标移至文本框对角线上，当其变成双向箭头形状时，按住鼠标左键进行拖动即可放大或缩小文本框。

Step 02　将鼠标光标移至文本框对角线处，当鼠标光标变成 ↴ 形状时，按住鼠标左键进行拖动即可旋转文本框，此时可以看到文本框中的文本也会随之旋转。

Step 03　单击 ✓ 按钮，应用输入效果。

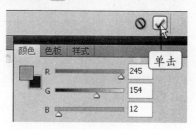

用户也可以按 **Ctrl+Enter** 组合键应用输入。

Step 04　此时可以看到图像中的文本框消失，保留了输入的段落文本效果。

3.4.3　设置段落文字

与设置点文字类似，用户也可以在属性栏中对段落文字的字体、大小、颜色等属性进行设置，以达到最佳效果。

新手演练 Novice exercises　设置段落文字格式（源文件\第3章\段落文字.psd）

Step 01 打开素材文件中的"变形文字.psd"图像文件，选择文本框中所有的文本，在属性栏中的"设置字体大小"下拉列表框中设置字体大小，这里选择"**24 点**"选项。

Step 02 在属性栏中的"设置字体系列"下拉列表框中选择字体样式，这里选择"华文彩云"选项。

Step 03 在属性栏中单击"设置文本颜色"图标，打开"选择文本颜色:"对话框，选择文本填充色，然后单击 确定 按钮。

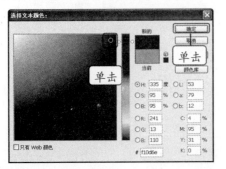

Step 04 返回图像窗口中，此时可以看到应用了所选择的颜色后段落文本效果。

Step 05 在属性栏中的"设置消除锯齿的方法"下拉列表框中选择"浑厚"文本效果。

Step 06 按 **Ctrl+Enter** 组合键应用输入后得到段落文本效果。

温馨提示牌 Warm and prompt licensing

用户可以只对段落文本中的部分文字进行格式设置，也可以对不同的文本设置不同的字体格式。

3.5　字符/段落面板

前面介绍了利用属性栏设置字体格式的方法。除此之外，还可以通过"字符/段落"面板来设置文本格式，下面具体介绍这两个面板的使用方法。

3.5.1　"字符"面板

在前面介绍面板时提到过"字符"面板，其实"字符"面板提供用于设置字符格式的选项，选项栏中也提供了一些格式设置选项。选择"窗口"｜"字符"命令，或者选择一种文字工具并单击属性栏中的 ▤ 按钮，单击"字符"选项卡即可显示"字符"面板。

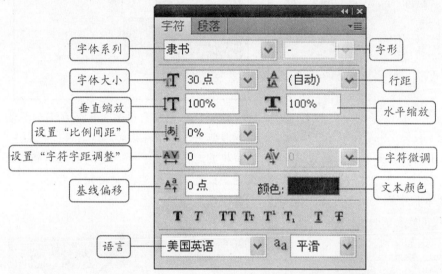

熟悉常用的字符设置参数，可以制作出不同效果的字体样式。

新手演练 **使用"字符"面板设置字体**（源文件\第 3 章\字符面板.psd）

Step 01　打开素材文件中的"字符和段落面板.psd"图像文件，在工具箱中单击"横排文字工具"按钮 **T**，选择图像中需要设置的字符"阵"，然后在属性栏中单击 ▤ 按钮。

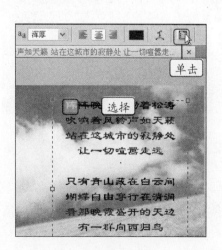

温馨提示牌

使用"字符"面板比通过属性栏设置字符格式的参数要多一些，操作也更方便。因此，可以通过"字符"面板快速设置字符的某些不常用参数。

Step 02 打开"字符/面板"面板，单击"字符"选项卡，在"设置字体系列"下拉列表框中选择字体，这里选择"华文行楷"选项，在"设置字体大小"下拉列表框中选择字体的大小，这里选择"60 点"选项，设置字体格式的同时可以在图像中查看到选择字体的变化。

Step 03 在"水平缩放"文本框中输入字体水平方向缩放的百分比，这里输入"120%"，在"基线偏移"文本框中输入偏移当前所选文本行的点数，输入正数表示向上偏移，输入负数表示向下偏移，这里输入"10 点"。

Step 04 单击"颜色"右侧的"设置文本颜色"图标，打开"设置文本颜色:"对话框，调整文本颜色，用户可以不断更改颜色并在图像文件中查看文本的颜色变化，直到调整为适合的颜色，这里选择"深桃红色"(R:210,G:15,B:98)，然后单击 □确定□ 按钮。

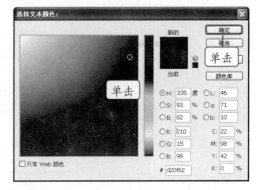

Step 05 返回图像文件中，利用相同的方法设置其他文本的字符格式，这里通过"字符"面板将最后一个字符"鸟"也进行相同的字符设置，设置完毕后单击✓按钮应用输入，得到最终效果如下图所示。

3.5.2 "段落"面板

使用"段落"面板可更改列和段落的格式设置。选择"窗口"｜"段落"命令或者单击"段落"选项卡就可以显示"段落"面板，也可以选择一种文字工具并单击属性栏中的 □ 按钮。

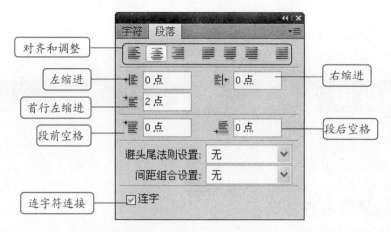

对齐和调整

左缩进　　　0点　　　　　右缩进

首行左缩进　2点

段前空格　　0点　　　　　段后空格

避头尾法则设置：无

间距组合设置：无

连字符连接　☑ 连字

　　了解系统常用的段落对齐方式，可以运用不同对齐方式对其进行段落设置。下面打开素材文件中的"字符和段落面板.psd"图像文件，演示不同段落对齐方式的效果。

知识点拨　介绍段落对齐方式

左对齐：打开"段落"面板，单击"左对齐文本"按钮，将所选择文字左对齐。

右对齐：单击"右对齐文本"按钮，可将所选择文本右对齐。

居中对齐：单击"居中对齐文本"按钮，将所选择文本居中对齐,居中对齐是以一个中心线为参照点，将文字中心对齐该参照线。

全部对齐：单击"全部对齐"按钮，将文字两侧全部对齐，中间留出不等的间距。

"左缩进"：设置文本左边向内缩进的

"首行缩进"：设置文本首行缩进的距离。

距离。

"右缩进" ≣┼: 设置文本右边向内缩进的距离。

"连字"复选框:勾选该复选框后,当文本中的英文字母转行时,就会在断开的英文字母之间使用连字符进行连接。

3.6　文字变形

可以使用文字变形来创建特殊的文字效果,例如,可以使文字的形状变为扇形或波浪。用户选择的变形样式是文字图层的一个属性,用户可以随时更改图层的变形样式以更改变形的整体形状。变形选项使用户可以精确控制变形效果的取向及透视。

3.6.1　"变形文字"对话框

选择任意一种文字工具,单击其属性栏中的"创建文字变形"按钮 ，即可打开"变形文字"对话框,在打开的"文字变形"对话框中可设置的参数有样式、变形方向以及扭曲程度。下面简单介绍文本应用不同的变形样式。

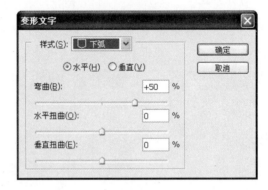

"变形文字"对话框的"样式"下拉列表框中有 15 种所预设的样式可供选择,分别有扇形、下弧、上弧、拱形、凸起、贝壳、花冠、旗帜、波浪、鱼形、增加、鱼眼、膨胀、挤压、扭转,打开素材文件中的"文字变形.psd"图像文件,应用各种样式所变换后的文字效果如下列各图分别所示。

知识点拨 Knowledge　　认识文字变形的各种样式

扇形：选择的文本框成扇形弯曲分布。

上弧：选择的文本框左侧或上侧进行弧状分布。

凸起：选择的文本像绘制在一个凸起的立体物上。

下弧：选择的文本框右侧或下侧进行弧状分布。

拱形：选择的文本框整体呈拱形分布。

贝壳：选择的文本框呈贝壳形状分布。

温馨提示牌 Warm and prompt licensing

"上弧"和"下弧"文字变形样式针对文本框的不同边进行变形，可以看作是两个方向相反的操作。

温馨提示牌 Warm and prompt licensing

在"变形文字"对话框中调整参数时，可以同时在图像窗口中观察文字变形后的效果。每一种文字变形样式可调整的参数选项相同，读者可自行调整观察。

花冠：选择的文本框呈花冠状分布。

波浪：选择的文本框呈波浪状分布，文本会随着参数的设置而改变形状，但立体感不强。

增加：选择的文本框会随着参数的设置而改变增加量，从而影响文本的大小和形状。

膨胀：选择的文本框膨胀后的效果。

旗帜：选择的文本框呈旗帜状分布，文本像绘制在一个平面上，具有立体感的浮动着。

鱼形：选择的文本框呈鱼的体型分布。

鱼眼：选择的文本框呈鱼眼睛的形状分布。

挤压：选择的文本框像受到外部力量的挤压而变形。

扭转：选择的文本框呈扭曲状分布。

温馨提示牌
Warm and prompt licensing

如果要取消变形样式，只需在"变形文字"对话框中的"样式"下拉列表框中选择"无"选项即可。

3.6.2　水平变形

选中任意文字工具，单击其对应属性栏中的"创建文字变形"按钮，即可打开"变形文字"对话框，前面已经介绍用户可选用系统内置的变形样式对文本进行设置，此外，用户还可以在该对话框中手动设置水平扭曲的百分比。

新手演练　**设置文本水平变形**（源文件\第 3 章\水平变形.psd）
Novice exercises

Step 01　打开素材文件中的"离别珍重.psd"文件，可以看到在进行变形前图像中的文字效果。

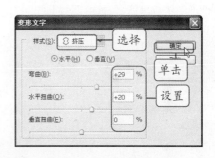

Step 03　返回图像窗口中即可查看文字的变形情况。

Step 02　打开"变形文字"对话框，在"样式"下拉列表框中任意选择一种变形样式，这里选择"挤压"选项，点选"水平"单选按钮，设置弯曲、水平扭曲分别为"29%"、"20%"，单击 确定 按钮。

3.6.3 垂直变形

同样，除了设置水平扭曲外还可以设置垂直方向的扭曲程度，同样需先打开"变形文字"对话框进行设置。

 设置文本垂直变形（源文件\第 3 章\垂直变形.psd）

Step 01 打开素材文件中的"离别珍重.psd"文件，选择"图层"|"文字"|"文字变形"命令。

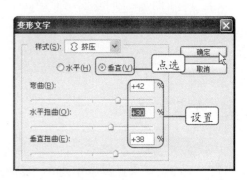

Step 02 打开"变形文字"对话框，保持变形样式不变，点选"垂直"单选按钮，设置弯曲、水平扭曲、垂直扭曲分别为"42%"、"30%"和"38%"，然后单击  按钮。

Step 03 返回图像窗口，应用了垂直变形设置后，图像中的文本效果如下图所示。

温馨提示牌
Warm and prompt licensing

拖动"变形文字"对话框的"弯曲"滑块至需要位置，可以调整所选样式的水平和垂直弯曲程度。

3.7 栅格化文字

创建横排和直排文字后都会在图层面板中创建相应的文字图层，文字图层是一种特殊的图层，它具有文字的特性，可以对其设置大小、字体等。但某些命令和工具（如滤镜效果和绘画工具）不可用于文字图层，这时需要先通过栅格化文字操作将文字图层转换为普通图层，并使其内容不能再作为文本进行编辑。如果选择了需要栅格化图层的命令或工具，则会打开一个对话框，并显示警告信息，单击 确定 按钮即可栅格化图层。

3.7.1 通过菜单命令栅格化文字

用户可以通过选择菜单命令将文字图层转换为普通图层。

 栅格化文字（源文件\第 3 章\删格化文字.psd）

Step 01 打开素材文件中的"天空之城.psd"图像文件。

命令，将文字图层转换为普通图层。

Step 02 在"图层"面板中可以查看文字图层位于背影图层的上方，选中文字图层。

Step 04 此时可以看到图层面板中的新图层效果。

Step 03 选择"图层"｜"栅格化"｜"文字"

3.7.2 编辑栅格化后的文字

用户可以对栅格化后的文字应用滤镜效果，或使用绘画工具对其进行设置。本节利用滤镜对栅格化后的文字进行编辑。

 设置栅格后文字的滤镜效果（源文件\第 3 章\栅格化文字.psd）

Step 01 打开素材文件中的"删格化文字.psd"图像文件，选择"滤镜"｜"素描"｜"半调图案"命令。

栅格化后的文字图层将转换为普通图层，其内容不能再作为文本进行编辑。

Step 02 在打开对话框的"素描"下方区域可以选择不同的素描样式，这里选择"基底凸现"样式，然后单击 确定 按钮。

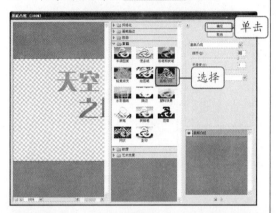

Step 03 返回图像窗口中，可以看到图像已经应用了"基底凸现"素描样式。

3.8 路径和文字

路径文字是指沿着开放或封闭的路径边缘流动的文字。当沿水平方向输入文本时，字符将沿着与基线垂直的路径出现。当沿垂直方向输入文本时，字符将沿着与基线平行的路径出现。在任何一种情况下，文本都将按添加到路径时所采用的方向流动。

3.8.1 在路径中输入文字

在路径中输入文字，首先需要在图像文件或新建文字中绘制一条路径，然后将文本插入点定位在路径内部，使用任意一种文字工具即可在路径中输入文本。

新手演练 *Novice exercises* 在圆中输入文字（源文件\第 3 章\在路径中输入文字.psd）

Step 01 打开素材文件中的"**121.jpg**"图像文件，在工具箱中右击"矩形工具"按钮 ，在弹出的工具条中单击"椭圆工具"按钮 ，在其属性栏中单击"路径"按钮 ，使绘制的形状为路径。

Step 02 按住 **Shift** 键不放在图像文件的中间位置进行拖动，拖动至适当位置后释放鼠

标左键即可绘制一个圆路径。

Step 03 在工具箱中单击"横排文字工具"按钮 **T**，在所绘制的圆形路径内部单击，将文本插入点定位在其中。

Step 04 在"横排文字工具"属性栏中设置输入文本的字体、字号和颜色等属性，然后输入需要的文本。

Step 05 文本输入完毕后，在"路径"面板中单击任意空白处。

Step 06 此时，可以看到椭圆路径消失，得到在路径内部输入文本的最终效果。

3.8.2　沿路径输入文字

　　沿路径输入文字，首先需要在图像文件或新建文字中绘制一条路径，然后将文本插入点定位在路径外部，使用任意一种文字工具即可在路径中输入文本。

新手演练 Novice exercises　　**沿圆边缘输入文字**（源文件\第 3 章\沿路径输入文字.psd）

Step 01 打开素材文件"圆圈.jpg"图像文件，在工具箱单击"矩形工具"按钮 ▢，在弹出的工具条中选择"椭圆工具" ◯，按住 Shift 键沿图像文件中的圆绘制出一个圆形路径。

Z 职场经验谈 Workplace Experience

　　绘制的椭圆一定要包括路径，即文字需要沿该路径输入。

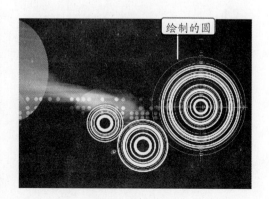

Step 02 在工具箱中单击"横排文字工具"按钮 **T**，在"路径"面板中选择"工具路径"，然后在绘制的圆路径外面单击，将文本插入点定位在圆边缘。

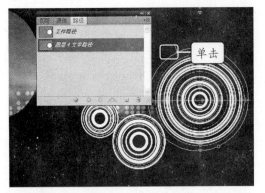

Step 03 在"横排文本工具"属性栏中设置文本的字号、字体和颜色等属性，然后输入所需的文本，可以看到文本沿绘制的圆路径进行排列。

温馨提示牌 Warm and prompt licensing

当用户移动路径或更改形状时，文字将会适应新的路径位置或形状。

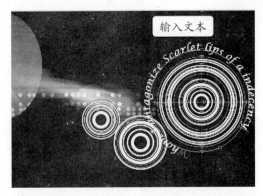

Step 04 输入完毕后，在"路径"面板中单击任意空白处，圆路径消失，此时可以查看到沿圆路径输入文本的最终效果。

3.9 职场特训

　　本章主要介绍了如何运用不同的文字工具在图像文件中输入和编辑文字的功能，学完本章节内容后，下面通过一个实例巩固本章知识。

特训：为"春天来了"添加文本（源文件\第3章\春天来了psd）

1.　打开素材文件中的"小鸟.jpg"图像文件。

2.　利用"横排文字工具"绘制两个文本框，并添加段落文本。

3.　打开"字符"｜"段落"面板，设置段落文本的字体为"文鼎中特广告体"，字号为"36"，对齐方式为"左对齐"。

4.　制作完毕后，单击 ✓ 按钮应用输入。

第4章

选区的创建和编辑

精彩案例

填充矩形选区

选择椭圆区域

选择苹果图像

制作背景图像

本章导读

　　Photoshop CS4 提供了强大的图片编辑与处理功能，在对图像进行处理的过程中，可以轻松地应用选区，然后对选区中的图像进行单独编辑，从而制作出综合的图像效果。在学习选区的创建和编辑前，首先要熟悉常见选区绘制的一系列工具，然后应用菜单命令对选区进行编辑。

4.1　矩形选框工具组

在 Photoshop 的工具箱中提供了可用于创建选区的工具，这些工具分别有"矩形选框工具"、"椭圆选框工具"、"单行选框工具"和"单列选框工具"，可以直接选择该工具，还可以右击该工具，然后在弹出的工具条中，选择该工具组中其他的工具。

4.1.1　矩形选框工具

"矩形选框工具"的主要作用是创建矩形选区，应用所选择的工具在图像窗口中拖动，即可创建出选区，还可在工具属性栏中设置相应的参数，得到规则的选区并对选区进行编辑。

1.　羽化

羽化选区是以柔和方式表现选区的边框，其数值越大，选区边角就越圆滑，在应用"矩形选框工具"创建选区之前，可以在工具属性栏中设置羽化的数值，然后应用该工具在窗口中拖动，即可得到羽化后的选区。

创建默认选区

羽化为 20px

羽化为 50px

2.　样式

在"样式"下拉列表框中有三种类型可供选择，分别为"正常"、"固定长宽比"、"固定大小"，"正常"样式时，可以任意应用"矩形选框工具"在图中拖动创建选区；选择"固定长宽比"则可以等比例地选择图像区域；如果选择"固定大小"，则可以选择相同大小的区域。

创建正常选区

固定长宽比

固定大小

填充矩形选区（源文件\第4章\填充矩形选区.jpg）

Step 01 打开光盘文件中的"2.jpg"图像文件。

Step 02 单击工具箱中的"矩形选框工具"按钮 [:]，应用该工具在图像中拖动，将底部图像选取。

Step 03 单击工具箱底部的前景色选择框，打开"拾色器（前景色）"对话框，设置前景色为"黄色"(R:253,G:219,B:0)，设置完成后单击 确定 按钮。

Step 04 将选区填充设置的颜色，即可完成选区的填充效果。

职场经验谈
Workplace Experience

在应用"矩形选框工具"选择图像时，可以先在工具属性栏中设置相关的参数，然后再选择区域。

4.1.2　椭圆选框工具

　　"椭圆选框工具"可以在图像或图层中选择圆形或椭圆形选区，"椭圆选框工具"的属性栏和"矩形选框工具"的属性栏相似，这里就不再赘述。

　　选择椭圆区域

Step 01 打开光盘文件中的"3.jpg"图像文件。

形成的区域

Step 02　单击工具箱中的"椭圆选框工具"按钮 ○，应用该工具在图像中拖动绘制椭圆选区。

Step 04　单击属性栏中的"添加到选区"按钮 ，按照相同的方法再应用"椭圆选框工具" ○ 在杯口边缘区域拖动鼠标光标，选择另外的图像区域。

绘制

添加新区域

Step 03　释放鼠标后即可创建椭圆选区。

4.1.3　单行选框工具

　　"单行选框工具"可以选择一行像素，其具体操作方法和"矩形选框工具"、"椭圆选框工具"相同，在工具箱中的"矩形选框工具"按钮上右击，在弹出的工具条中选择"单行选框工具"即可，并且在属性栏中也提供有多种对该工具创建选区时的设置选项。

　　下图所示分别为创建单行选区和复制单行选区的效果。

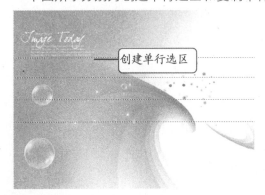

创建单行选区

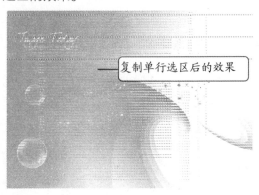

复制单行选区后的效果

4.1.4　单列选框工具

　　使用"单列选框工具"可以实现在图形或图层中选择 1 像素宽的竖向选区。选择工具箱中的"单列选框工具"按钮，单击页面中的任意位置即可创建单列选区，如果单击属性栏中的"添加选区"按钮，还可以创建多个选区。下图所示分别为创建单列选区和复制单列选区的效果。

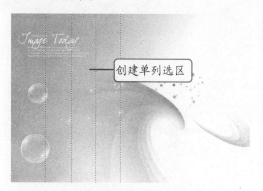
创建单列选区

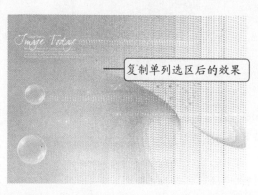
复制单列选区后的效果

4.2　套索工具组

　　套索工具组中包含 3 种工具，分别为"套索工具"、"多边形套索工具"和"磁性套索工具"，这 3 种工具都可以用于创建不规则选区，对要编辑的图像进行选择。

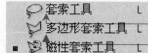

　　◆ **套索工具**：用于选择不规则图像

　　◆ **多边形套索工具**：用于选择多边形图像

　　◆ **磁性套索工具**：用于选择复杂边缘图像

4.2.1　套索工具

　　使用"套索工具"可以随意绘制任意选区，选择该工具后，只需要沿需要选择的区域边缘拖动鼠标即可。

　套索工具的使用方法

Step 01　打开光盘文件中的"5.jpg"图像文件。

　　使用"套索工具"绘制选区，一般可用于图像边缘较为整齐的图像选区。

Step 02　单击工具箱中的"套索工具"按钮 🔍，然后在图像窗口中的心形图像边缘拖动鼠标光标。

拖动

Step 03　继续应用"套索工具"沿着图像边缘拖动鼠标光标。

应用"套索工具"连续在图中拖动时，要按住鼠标左键进行拖动，中途不能释放鼠标。

拖动

Step 04　直到拖动鼠标光标到起点处，单击鼠标即可将所选择的区域转换为选区。

选择的区域

4.2.2　多边形套索工具

　　"多边形套索工具"用来绘制选区边框的直边线段，使用该工具可以选择边框是直线的选区。其具体操作方法和"套索工具"选择图像的方法相同。

新手演练　**多边形套索工具的使用方法**

Step 01　打开光盘文件中的"6.jpg"图像文件，单击工具箱中的"多边形套索工具"按钮 ，在图像窗口中照片边缘拖动鼠标光标。

拖动

Step 02　继续应用"多边形套索工具" 沿着图像边缘拖动鼠标光标，直到拖动鼠标光标到起点处，单击鼠标完成选区的创建。

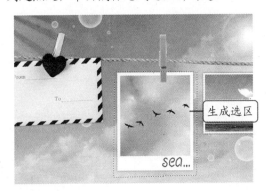

生成选区

4.2.3　磁性套索工具

　　"磁性套索工具"适用于快速选择边缘与背景对比强烈且边缘复杂的对象。"磁性套索工具"的属性栏如下图所示，该工具拥有几个特有的选项设置，分别为宽度、对比度和频率。其中，"宽度"值决定磁性套索检测指针周围区域大小，"对比度"值决定套索对图像边缘的灵敏度。

| 🐾 ▾ | ▣ ▣ ▣ ▣ | 羽化: 0 px | ☑消除锯齿 | 宽度: 50 px | 对比度: 90% | 频率: 100 | ✎ | 调整边缘... |

1.　对比度

　　"对比度"用于要指定套索对图像边缘的灵敏度，在"对比度"文本框中可以输入介于 1% ~ 100% 之间的数值。较高的数值将只检测与其周边对比鲜明的边缘，较低的数值将检测低对比度边缘。

设置较小的对比度　　　　　设置较大的对比度

2.　频率

　　若要指定套索以什么频度设置紧固点，需要在"频率"文本框中输入 0 ~ 100 之间的数值。较高的数值可以更快地固定选区边框。

较少节点　　　　　较多节点

新手演练 Novice exercises　　**合成花朵图像**（源文件\第 4 章\合成花朵图像.psd）

Step 01　打开光盘文件中的 "8.jpg" 和 "9.jpg" 图像文件。

Step 02 单击"磁性套索工具"按钮，应用该工具在打开的花朵图像窗口中沿着花朵边缘拖动鼠标光标。

绘制

Step 03 连续应用"磁性套索工具"沿着花朵图像的边缘拖动鼠标光标，直至选择整个花朵图像，释放鼠标后得到花朵图像的选区。

Step 04 单击"选择"菜单项，在弹出的菜单中选择"修改"|"羽化"命令，打开"羽

化选区"对话框，设置羽化半径为"20像素"，单击 确定 按钮。

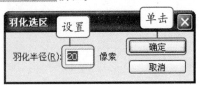

羽化选区　设置　单击

羽化半径(R)：20 像素

确定
取消

Step 05 单击"移动工具"按钮，将羽化后的选区拖动到前面打开的"9.jpg"图像窗口中，从图像中可以看出花朵边缘的图像被羽化。

添加花朵图像

Step 06 按 **Ctrl+T** 组合键打开"自由变换"对话框，对花朵图像进行自由变换，调整到合适大小后按 **Enter** 键应用变换，花朵图像即可变换到合适大小，完成图像的制作。

温馨提示牌
Warm and prompt licensing

将选区中的图像拖动到另外的图像窗口中，如果这两个图像的像素不相同，需要对图像大小进行编辑。

4.3　魔棒工具组

　　魔棒工具组中包含有两种工具，分别为"快速选择工具"和"魔棒工具"，这两种工具都是根据图像的色彩差异来获取选区的。

4.3.1　魔棒工具

　　"魔棒工具"根据相似的颜色创建选区。在工具箱中选择"魔棒工具"后，单击图像中的某点时，该点附近与其颜色相同或相近的像素点都成为选区。在该工具属性栏中最主要的参数为"容差"，它决定了选定像素的相似点差异，如果值较低，则会选择与选择点像素非常相似的少数几种颜色；如果值较高，则选择范围更广的颜色。

新手演练　**选择苹果图像**
Novice exercises

Step 01　打开光盘文件中的"10.jpg"图像文件。

Step 02　选择工具箱中的"魔棒工具" ，单击工具属性栏中的"添加到选区"按钮 ，使用"魔棒工具"在图中单击需要选择的图像区域的颜色，创建选区。

Step 03　连续应用"魔棒工具"在图中单击添加图像区域颜色，从而建立多个选区。

Step 04　直至将整个苹果图像都创建为选区为止。

4.3.2　快速选择工具

　　"快速选择工具"是利用可调整的圆形画笔笔尖快速绘制选区，拖动鼠标光标时，选区会向外扩展并自动查找和跟随图像中定义的边缘，在该工具属性栏中可以设置选区的基础运算和选择的区域范围。

1. 选择运算方式

　　在"快速选择工具"属性栏中有 3 种对选区进行运算操作的按钮，分别为"新选区"按钮、"添加到选区"按钮和"从选区减去"按钮，应用这 3 种运算方式在图中单击时，会得到不同的选区，效果如下图所示。其中，第一种选择方式为创建新的选区，第二种添加到选区则是在原来选择的区域中添加新的区域，第三种从选区减去则是在选择的区域中减去部分区域。应用"快速选择工具"创建选区时，可以在这 3 种运算方式中进行切换及交替使用。

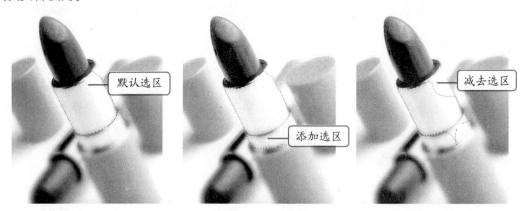

2. 设置画笔

　　在属性栏中可以对"快速选择工具"的画笔大小进行设置，与设置"画笔工具"的直径相同，具体设置过程也是通过打开"画笔"面板来进行设置，在应用"快速选择工具"选择图像时，设置的画笔笔尖越大，所选择的区域也越大，如下图所示，分别为应用画笔直径为 250px 以及 500px 所选择的不同区域，从选择的范围可以查看画笔直径和选择区域的关系。

　　在"画笔"面板中可以对系统自带的画笔进行设置，包括设置画笔的形状、散布等参数，还可以对自定义的画笔进行设置，设置的方法和步骤与设置系统自带画笔的方法相同，对于设置后的自定义画笔可以任意进行编辑。

　　应用"画笔工具"在图像中进行绘制时，通常应用的是前景色，可以通过设置"拾色器（前景色）"对话框中的参数来设置不同的前景色。

4.4　选区的填充

　　填充选区是 Photoshop CS4 中对选区操作的基本操作之一，填充选区一般分为两种：一种是为选区填充纯色；另外一种是填充渐变色。下面对这两种填充图像的方法及其与之相关的内容进行介绍。

4.4.1　渐变工具的使用

　　使用"渐变工具"可以创建多种颜色间的逐渐混合，通过在图像中拖动鼠标就可渐变填充选区。起点（单击鼠标处）和终点（松开鼠标处）的不同会影响渐变外观，具体取决于所使用的渐变工具，但是"渐变工具"不能用于位图或索引颜色图像。如果要填充图像的某一部分，要先选择需填充的区域。否则，渐变填充将应用于整个当前图层。在"渐变编辑器"对话框中可以选择已经设置好的渐变样式，也可以重新设置渐变色。

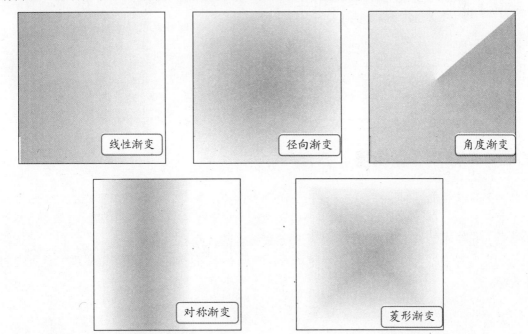

 制作背景图像（源文件\第 4 章\制作背景图像.psd）

Step 01　打开光盘文件中的"13.jpg"图像文件，将图像在窗口中完整地显示出来。

Step 02　在工具箱中单击"渐变工具"按钮，单击属性栏中的"渐变色"编辑框，打开"渐变编辑器"对话框，设置渐变的颜色为"蓝色-白色-蓝色"，然后单击 确定 按钮。

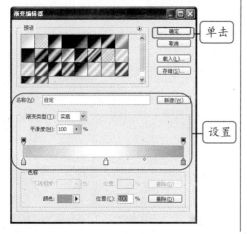

Step 03　打开"图层"面板，选择"图层1"。

温馨提示牌

在对图像进行操作后，首先要通过"文件"菜单中的命令将要编辑的素材图像打开，然后再对图像进行编辑。

Step 04　对"图层1"进行填充，应用"渐变工具"从上至下拖动鼠标，即可为"图层1"填充设置的渐变色。

4.4.2　"渐变"编辑器

　　"渐变编辑器"对话框可用于通过修改现有渐变效果来定义新的渐变，还可以为现有的渐变添加中间色，在两种以上的颜色间创建混合效果，在该对话框中可以选择不同类型的渐变，也可以对自带的渐变效果进行重新设置。选择相应的颜色色标，然后打开"选择色标颜色"对话框，可以对色标的颜色进行重新设置，不仅如此，还可以重新设置不透明度色标。

1. 存储渐变色

存储渐变色可以方便以后直接调用该渐变色，为工作带来便利。

新手演练 Novice exercises　　**存储制作好的渐变效果**

Step 01 打开"渐变编辑器"对话框，设置渐变色效果，单击 存储(S)... 按钮。

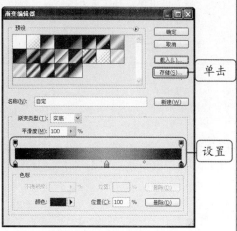

Step 02 打开"存储"对话框，设置存储渐变的名称及格式，单击 保存(S) 按钮。

2. 设置渐变过渡色

设置渐变过渡色的主要方法是通过添加色标来进行设置，应用这种设置色标的方法，可以对新添加的色标重新设置颜色。

新手演练 Novice exercises　　**为"紫色-黄色-紫色"渐变色添加过渡色**

Step 01 在"渐变编辑器"对话框中的渐变色条上要添加色标处双击鼠标，添加色标。

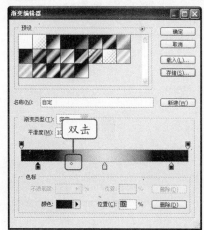

Step 02 单击颜色图标，打开"选择色标颜色:"对话框，在该对话框中设置新的颜色数值，然后单击 确定 按钮。

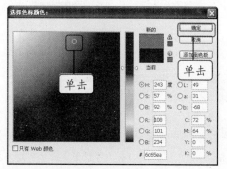

Step 03 返回到"渐变编辑器"对话框中，在对话框中即可看到新设置的颜色。

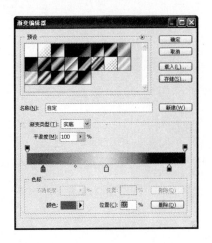

3. 载入其他渐变色

载入其他渐变色是将系统中所自带的渐变色应用载入的方法，在"渐变编辑器"对话框中显示出来。

新手演练 追加其他渐变效果

Step 01 打开"渐变编辑器"对话框，单击"预设"栏中的⊙按钮，在弹出的下拉菜单中选择"金属"命令，

Step 02 系统会打开警示对话框，在对话框中如果单击 追加(A) 按钮，则会在"渐变编辑器"对话框中显示出新添加的渐变类型；如果单击 确定 按钮，则会用新载入的渐变替换系统默认的渐变类型，这里单击 追加(A) 按钮。

Step 03 对于载入渐变的应用，只需要用鼠标在渐变缩略图中单击即可。

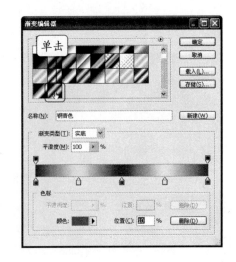

4.4.3   油漆桶工具

使用"油漆桶工具"可以向鼠标单击处和与其颜色相近区域填充前景色或指定图案,在"油漆桶工具"的属性栏中可以进一步设置填充的方式、不透明程度、颜色容差程度和填充内容。在工具箱中选择"油漆桶工具"后,即可在工作界面中看到属性栏,如下图所示。

前景 ⌄ | 模式:正常 ⌄ | 不透明度:100% ⌄ | 容差:30 | ☑消除锯齿 ☑连续的 □所有图层

在"油漆桶工具"属性栏中可以对填充的颜色以及图案进行设置,如果要填充颜色,则需要在填充下拉列表框中选择"前景"选项,如果要填充图案则要选择"图案"选项,并在打开的"图案"拾色器中选择合适的图案。

新手演练 Novice exercises   **填充图像区域**(源文件\第4章\填充图像区域.jpg)

Step 01 打开光盘文件中的"14.jpg"图像文件,将图像在窗口中完整地显示出来,使用"魔棒工具" ※ 选择图像中人物头发区域。

Step 02 单击"油漆桶工具"按钮 ◇,并设置前景色为"蓝色",然后应用所选择的工具在人物图像中单击,即可为图像填充颜色。

Step 03 使用相同的方法,将人物剩余头发

填充为"蓝色"。

Step 04 使用"矩形选框工具" ⬚ 选择图像底部的地板,在属性栏中"填充"下拉列表框中选择"图案"选项,然后打开"图案"拾色器,并单击合适的图案,设置完成后,使用"油漆桶工具" ◇ 在图像中单击,即可将图案填充到图像中。

4.4.4 填充图案

填充图案的主要操作是将所打开的图像定位为图案，并使用"油漆桶工具"将定义的图案重新对图像进行填充，这种方法通常用来为图像添加背景图案。

新手演练 Novice exercises　**为背景填充图案**（源文件\第4章\将背景填充上图案.psd）

Step 01 选择"文件"｜"新建"命令，新建一个空白文件。

Step 02 在工具箱中单击"油漆桶工具"按钮，并在工具属性栏中打开"图案"拾色器，选择需要的图案。

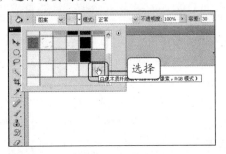

温馨提示牌 Warm and prompt licensing

在"图案"拾色器中可以选择系统自带的图案。

Step 03 应用"油漆桶工具"在背景图层中单击，将背景填充为设置的图案。

温馨提示牌 Warm and prompt licensing

应用"油漆桶工具"对图层进行填充时，要先确认该图层是否为显示的图层，对于隐藏的图层不能应用该操作。

4.5 选区的基本操作

选区的基本操作主要指常见应用选区的方法，包括选择区域、取消选择以及反向选择图像，这些常见的操作不仅可以通过菜单项中的命令来完成，还可以直接通过快捷键来完成。

4.5.1 全选

选择全部图像是将图像的所有区域都包含到选区中，具体操作可通过选择"选择"｜

"全部"命令来完成,也可以按 **Ctrl+A** 组合键来选择全部图像。

 选择全部图像内容

Step 01 打开素材文件中的"15.jpg"图像文件,选择"选择"|"全部"命令。

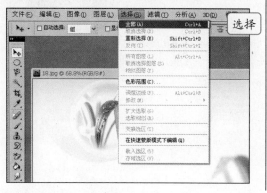

Step 02 全选图像后将在图像窗口边缘出现虚线框,表示所有图像都被选中。

4.5.2 移动选区

"移动工具"可以将选区或图层拖动到图像中的新位置,并在"信息"面板显示的情况下,可以跟踪移动的确切距离,还可以使用"移动工具"在图像内对齐选区和图层,并合理分布图层。

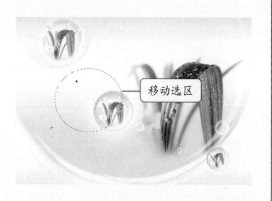 **移动选区的两种方法**

移动选区:将光标移动到选区内,此时光标变成 形状,拖动鼠标即可移动选区。

移动选择的图像

移动选区图像

移动选区图像:按住 **Ctrl** 键,将光标移动到选区内,此时光标变成 形状,拖动鼠标即可移动选区及选区内的图像。

温馨提示牌 Warm and prompt licensing

如果图像中含有多个图层,移动选区中的图像后将显示下一个图层的图像;如果图像中只含有一个图层,则移动选区中的图像后将显示背景图层。

4.5.3　复制选区

　　复制选区的基础操作就是将所选择的区域进行复制，并且所复制的区域可以在同一个图层中显示。通过对图像的复制，可方便用户快捷地制作出相同的图像。

新手演练　复制并移动选区中的图像

Step 01 打开素材文件中的"15.jpg"图像文件，绘制一个圆形选区。单击工具箱中的"移动工具"按钮，将鼠标光标移动到要复制的图像选区内。

Step 02 按住 Alt 键的同时拖动鼠标，即可将所选择的区域进行复制，并且对于图像区域可以重复进行复制。

复制选择的区域

复制后的区域

4.5.4　变换选区

　　变换选区是将所创建的图像区域进行变换，可以将选区放大或者缩小。

新手演练　自由变换选区图像

Step 01 打开素材文件中的"15.jpg"图像文件，选择"选择"｜"变换选区"命令，选区周围将出现自由变换编辑框。

Step 02 将光标移动到自由变换编辑框的控制点上或旁边并拖动，可实现选区的放大、缩小等变换。也可在图像窗口中右击，在弹出的快捷菜单中选择相应变换命令进行变换操作。

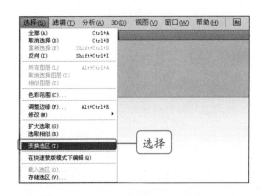
选择

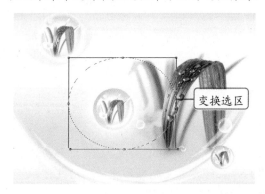
变换选区

4.5.5　反选选区

反向是将所选择区域的相反区域进行选择，在创建选区的窗口中单击"选择"菜单项，并在弹出的菜单中选择"反向"命令，即可将相反的区域进行选择。

 **反选选区效果**

Step 01　打开素材文件中的"**16.jpg**"图像文件，使用"魔棒工具"选择图像中的白云部分。

Step 02　选择"选择"｜"反向"命令即可选择图像中除白云部分以外的图像。

4.5.6　取消选择

取消选择命令在选择选区中较常用。要取消选择，单击"选择"菜单项，然后在弹出的菜单中选择"取消选择"命令，即可取消选择区域，也可以按 **Ctrl ＋ D** 组合键，取消图像上所有的选区。

 **取消选区的选择状态**

Step 01　打开素材文件中的"**16.jpg**"图像文件，使用"椭圆选框工具"　在图像中绘制一个椭圆选区。

Step 02　选择"选择"｜"取消选择"命令即可取消椭圆选区。

4.5.7 删除选区

删除选区是将选择的区域删除。在图像窗口中，如果有需要删除的图像，可以直接选择该图像，然后按 Delete 键。另外，也可以在"图层"面板中选择要删除的图层，单击下方的"删除图层"按钮 🗑 。

知识点拨 Knowledge   **删除选区后的两种显示方式**

显示为背景色：在背景图层中，应用"椭圆选框工具" ⃝ 在图中拖动创建选区，按 Delete 键将所选择的区域删除，会显示出背景颜色。

显示为透明效果：当被删除的图像位于一个单独的图层中，在该图层中选择所要删除的区域，并将该区域删除，会显示出透明效果。

← 显示背景色

← 显示透明

4.5.8 存储选区

存储选区是将应用选框工具创建的区域进行存储，便于后面对图像进行操作。

新手演练 Novice exercises   **存储文档中的选区**

Step 01 打开素材文件中的"15.jpg"图像文件，使用相应的选框工具在图像中创建选区，选择"选择"｜"存储选区"命令。

Step 02 打开"存储选区"对话框，在"名称"文本框中设置选区的名称，单击 确定 按钮。

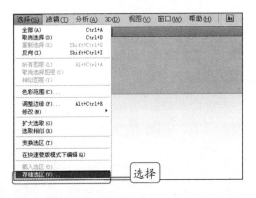
← 选择

4.6　选区的编辑和修改

选区的编辑和修改是指应用所提供的命令对创建的选区进行调整，从而得到新的选区。常见的操作有羽化选区、扩展选区、收缩选区、边界、选择相似、扩大选择等，各种选区命令都有其不同的设置方法和主要作用。

4.6.1　边界

"边界"命令可选择在现有选区边界的内部和外部的像素宽度。当要选择图像区域周围的边界或像素带，而不是该区域本身时（例如清除粘贴对象周围的光晕效果），此命令将很有用。

打开要编辑的素材图像，单击"选择"菜单项，在弹出的菜单中选择"修改" | "边界"命令，设置所要得到选区的宽度，设置完成后单击"确定"按钮。

新手演练　**使用"边界"命令选择选区**

Step 01　打开素材文件中的"17.jpg"图像文件，绘制一个圆形选区，选择"选择" | "修改" | "边界"命令，打开"边界"对话框，设置宽度为"50 像素"。

Step 02　单击 确定 按钮后即可查看到在原来的选区外扩展出一个 50 像素宽的环形选区。

4.6.2　平滑选区

平滑选区是将有锯齿的图形转换为平滑的选区，通常应用"魔棒工具"或者"套索工具"所创建的选区，可以通过平滑选区的方法得到圆滑后的新选区。

新手演练　**使创建的选区变得平滑**

Step 01　打开素材文件中的"**17.jpg**"图像文件，绘制一个选区，选择"选择" | "修改" |

"平滑"命令，打开"平滑选区"对话框，设置取样半径为"50 像素"。

Step 02 单击 确定 按钮即可查看到平滑的选区。

4.6.3 扩展选区

扩展选区的作用是向外（四周）扩展选区边框，扩展过程中可能造成选区变形。

新手演练   **使选区变大**

Step 01 打开素材文件中的 "17.jpg" 图像文件，绘制一个选区，选择 "选择" | "修改" | "扩展" 命令，在打开的 "扩展选区" 对话框中设置扩展量为 "20" 像素。

Step 02 单击 确定 按钮即可查看到扩展后的选区。

温馨提示牌 *Warm and prompt licensing*

位图模式的图像或 32 位/通道的图像不能使用 "扩大选择" 和 "选择相似" 命令。

4.6.4 收缩选区

收缩选区和扩展选区的操作方法相同，只是在弹出的 "收缩选区" 对话框中设置收缩量即可，输入一个 1~100 之间的像素值，边框按指定数量进行缩小，选区边框中沿画布边缘分布的任何部分不受影响。

　　　使选区收缩

Step 01　打开素材文件中的"17.jpg"图像文件，绘制一个选区，选择"选择"｜"修改"｜"收缩"命令，在打开的"收缩选区"对话框中设置收缩量为"50"像素。

Step 02　单击 确定 按钮即可查看到收缩后的选区。

4.6.5　羽化选区

　　羽化选区是通过建立选区和选区周围像素之间的转换来模糊边缘。因此该模糊边缘将丢失选区边缘的一些细节。可以通过输入羽化值来控制选区羽化效果。

　　制作融合的图像（源文件\第 4 章\制作融合的图像.psd）

Step 01　打开光盘文件中的"18.jpg"图像文件。

Step 02　选择"选择"｜"修改"｜"羽化"命令，打开"羽化选区"对话框，设置羽化半径为"15"像素，单击 确定 按钮，即可将所选择的区域进行羽化。

Step 03　打开光盘文件中的"19.jpg"图像文件，将图像在窗口中完整地显示出来。

Step 04　使用"移动工具" ➤⊕ 将前面羽化后

的选区拖动到打开的背景素材图像窗口中，并将人物图像变换为合适大小。

"橡皮擦工具" 将人物边缘多余的图像擦除，使图像效果更融合，编辑后即可完成制作过程。

Step 05　对人物的边缘图像进行编辑，应用

4.6.6　通过"色彩范围"命令获得选区

"色彩范围"命令用于选择现有选区或整个图像内指定的颜色或色彩范围。如果想替换选区，在应用此命令前确保已取消选择所有内容。"色彩范围"命令不可用于 32 位/通道的图像。

新手演练 Novice exercises　**通过"色彩范围"命令获得草莓选区**

Step 01　打开素材文件中的"17.jpg"图像文件，选择"选择"｜"色彩范围"命令，打开"色彩范围"对话框，使用对话框中的"吸管工具" 在图像窗口中要选择的区域中单击，这里单击图像中的草莓部分，并设置颜色容差为"177"，设置的数值越大所载入的区域范围也就越大。

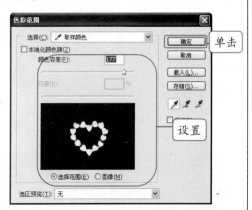

区域选择。

温馨提示牌 Warm and prompt licensing

如果系统打开对话框提示"选中的像素不超过 50%"，则选区边界不可见，可能已从"选择"菜单中选择一个颜色选项，如"红色"，此时图像不包含任何带有高饱和度的红色色相。

Step 02　单击　确定　按钮，即可将设置的

4.6.7 选择相似

选择相似是通过色彩范围来得到新的选区，可以将图像中与选择区域色彩范围相近的图像选择。

通过"选择相似"命令选择与选区相似的图像

Step 01 打开素材文件中的"**17.jpg**"图像文件，选择图像中的盘子底部图像为选区，选择"选择"|"选择相似"命令。

Step 02 选中了图像中与选区色彩范围相近的盘子及阴影图像。

4.6.8 扩大选择

"扩大选择"命令的主要作用是将色彩相临近的区域都选中，应用该命令进行操作时不会打开对话框，直接单击"选择"菜单项，在弹出的菜单中选择"扩大选择"命令即可。

根据色彩扩大选区内容

Step 01 打开素材文件中的"**17.jpg**"图像文件，选择图像中的盘子边缘图像为选区，选择"选择"|"扩大选择"命令。

Step 02 选择了图像中与选区色彩相临近的盘子区域。

4.7 职场特训

　　本章主要介绍了与选区有关的操作，包括常用选区的创建以及选择菜单项对选区进行变换和编辑。学完本章内容后，下面通过一个实例巩固本章知识。

特训：**填充图像背景**（源文件\第 4 章\填充图像背景.jpg）

1. 打开素材文件中的"填充图像背景.jpg"图像文件。

2. 单击"油漆桶工具"按钮，在选项栏中将填充类型设置为"图案"，然后打开"图案"拾色器，选择一种最合适的图案。

3. 使用"油漆桶工具"在背景图像中单击，即可将背景填充上所选择的图案。

温馨提示牌

在"图案"拾色器中，可以通过载入图案的方法将系统中所自带的其他图案在拾色器中显示，并进行选择。

第5章

图像色彩的校正

 精彩案例

制作黑白照片效果

制作双色调照片

调整人物图像色调

突出主体图像

本章导读

　　Photoshop 中的图像色彩调整功能是非常强大的，可以将许多有缺陷的照片用比较简洁的方法进行调整，使其达到满意的图像效果。在对图像或照片做处理时，会经常用到本章所讲述的命令，所以应注意掌握好这些命令。

5.1 图像的颜色模式

在 Photoshop 中可以通过对图像颜色模式的变换来调整图像，其中常见的模式有位图模式、灰度模式、双色调模式、索引模式、RGB 模式、CMYK 模式、Lab 模式等。下面着重讲述其中几个重要的颜色模式。

5.1.1 RGB 颜色模式

RGB 色彩就是常说的三原色，R 代表 Red（红色），G 代表 Green（绿色），B 代表 Blue（蓝色）。之所以称为三原色，是因为在自然界中肉眼所能看到的任何色彩都可以由这 3 种色彩混合叠加而成，因此也称为加色模式。RGB 模式是一种加色法模式，通过 R、G、B 的辐射量，可描述出任一种颜色。R、G、B 均为 255 时就形成了白色，R、G、B 均为 0 时就形成了黑色。

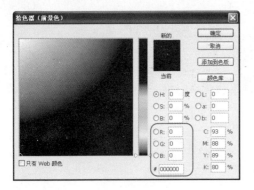 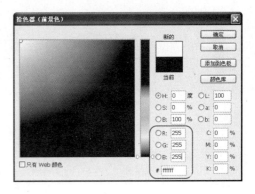

5.1.2 CMYK 颜色模式

CMYK 代表印刷上用的 4 种颜色，C 代表青色，M 代表洋红色，Y 代表黄色，K 代表黑色。因为在实际应用中，青色、洋红色和黄色很难叠加形成真正的黑色，最多不过是褐色而已，因此才引入了 K——黑色。黑色的作用是强化暗调，加深暗部色彩。CMYK 模式是最佳的打印模式。RGB 模式尽管色彩多，但不能完全被打印出来。在"拾色器"对话框中可以通过设置 CMYK 的数值来设置颜色。

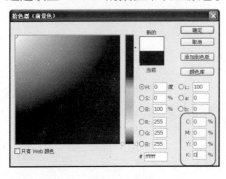 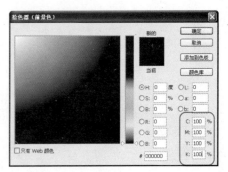

5.1.3　灰度模式

灰度模式可以使用所有 RGB 模式下可使用的滤镜，能保存的文件格式与 RGB 同样多。任何彩色模式下的各颜色信息通道与 Alpha 通道以及专色通道等，分离后都是灰度的。所以不要忽视灰度的作用。在灰度模式状态下，因为没有额外的颜色信息的影响，其色调校正是最直观的，并且是唯一能转换成位图和双色调模式的色彩模式。

新手演练　**制作黑白照片效果**（源文件\第5章\制作黑白照片效果.jpg）
Novice exercises

Step 01　打开光盘文件中的"1.jpg"图像文件。

Step 02　选择"图像"｜"模式"｜"灰度"命令。

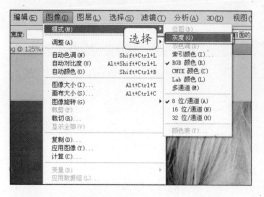

Step 03　打开"信息"对话框，单击 扔掉 按钮。

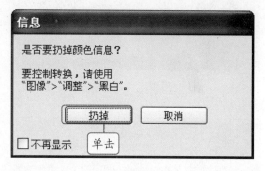

Step 04　执行上一步操作后，即可将彩色图像变为黑白效果。

5.1.4　双色调模式

双色调模式可用于增加灰度图像的色调范围或用来打印高光颜色，在 Photoshop 中双色调被当作单通道、8 位的灰度图像处理，并且可以应用这种特性将图像制作成多种色调的混合效果。

制作双色调照片（源文件\第5章\制作双色调照片.psd）

Step 01 打开光盘文件中的"2.jpg"图像文件。

Step 02 选择"图像"｜"模式"｜"灰度"命令。

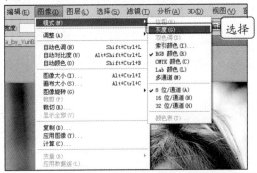

Step 03 打开"信息"对话框，单击 扔掉 按钮。

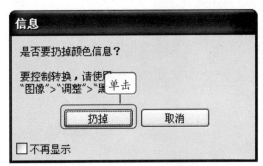

Step 04 选择"图像"｜"模式"｜"双色调"命令。

Step 05 打开"双色调选项"对话框，在"类型"下拉列表框中选择"双色调"选项。

Step 06 单击"油墨2"色标中的白色图标。

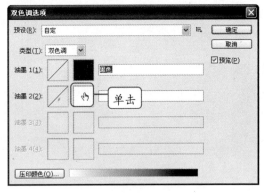

Step 07 打开"颜色库"对话框，选择需要的颜色，单击 确定 按钮。

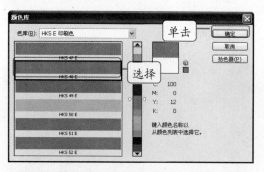

Step 08　返回到"双色调选项"对话框中，查看所设置的颜色，单击油墨中的曲线色标。

Step 09　打开"双色调曲线"对话框，设置

曲线的走向，单击　确定　按钮。

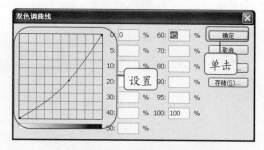

Step 10　返回到"双色调选项"对话框，单击　确定　按钮即可得到最后的效果。

本节主要介绍运用简单的调整图像菜单命令，对图像进行基本的调整，使图像在较短的时间内通过图像菜单命令的调整，在色调和颜色上有很大的改变。

5.2.1　自动色调

"自动色调"的主要作用是对图像的色彩进行初步的设置，通过图像菜单中的"自动色调"命令来进行设置，该选择没有对话框，可以直接对图像进行编辑。

新手演练　**自动调整图像明暗**（源文件\第 5 章\自动调整图像明暗.jpg）
Novice exercises

Step 01　打开光盘文件中的"3.jpg"图像文件。

温馨提示牌
Warm and prompt licensing

色调是指一幅图像的整体色彩感觉以及明暗程度。

Step 02 单击"图像"菜单项，在弹出的菜单中选择"自动色调"命令。

Step 03 执行上一步操作后即可将图像的色调进行变换。

应用自动色调对图像进行调整时，要注意选择颜色明暗关系差异较大的图像，这样效果才会明显。

5.2.2 自动颜色

自动颜色是对图像色彩之间的差异和变换进行编辑，对图像局部的色彩重新进行设置。

 **调整人物图像色调**（源文件\第5章\调整人物图像色调.psd）

Step 01 打开光盘文件中的"4.jpg"图像文件。

在对图像进行编辑前，首先要在所存储的路径中将相应的图像打开。

Step 02　单击"图像"菜单项，在弹出的菜单中选择"自动颜色"命令。

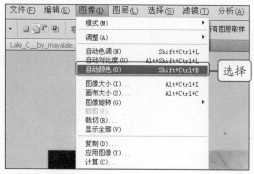

Step 03　执行上一步操作后，即可对图像的色彩进行调整。

5.2.3　自动对比度

　　自动对比度可以将图像自动生成为最合适的明暗关系，将要突出的区域以较亮的色调显示，其他区域以较暗的色调显示，该操作也没有对话框，直接通过菜单项中的命令来进行操作。

　自动调整图像对比度（源文件\第 5 章\自动调整图像对比度.jpg）

Step 01　打开光盘文件中的"5.jpg"图像文件。

Step 02　单击"图像"菜单项，在弹出的菜单中选择"自动对比度"命令。

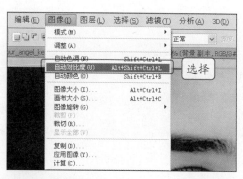

Step 03　更改图片的色调。

职场经验谈　Workplace Experience

　　"自动对比度"命令将自动调整图像色彩的对比度。由于"自动对比度"不会单独调整通道，因此不会引入或消除色痕。

5.3　图像色彩的高级调整

本节主要介绍运用高级调整图像的菜单命令对图像进行调整，使图像的色彩和明暗有很大的变换，其中包括"色相/饱和度"命令、"曲线"命令、"色阶"命令和"色彩平衡"命令等。

5.3.1　色阶

色阶是表示图像亮度强弱的指数标准，也就是色彩指数，在数字图像处理过程中，指的是灰度分辨率（又称为灰度级分辨率或者幅度分辨率）。图像的色彩丰满度和精细度是由色阶决定的。色阶指亮度，和颜色无关，但最亮的只有白色，最不亮的只有黑色。

新手演练 Novice exercises　**显示暗部图像**（源文件\第 5 章\显示暗部图像.jpg）

Step 01 打开光盘文件中的 "6.jpg" 图像文件。

Step 02 单击 "图像" 菜单项，在弹出的菜单中选择 "调整" ｜ "色阶" 命令。

Step 03 打开 "色阶" 对话框，参照图上所示设置相关参数，设置色阶数值为 "0"、"1.42"、"210"。

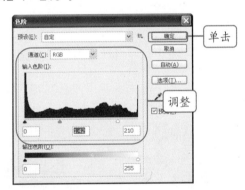

Step 04 单击　确定　按钮，即可将图像暗部区域显示出来。

5.3.2　曲线

曲线是 Photoshop 处理图像中最常用的一种命令，其使用范围很广，可以通过调节曲线的走向来调整整个图像的黑白灰关系。曲线的控制范围是很广泛的，它包含了各个颜色的区域。

 新手演练 Novice exercises　　**使图像变亮**（源文件\第 5 章\使图像变亮.jpg）

Step 01　打开光盘文件中的 "7.jpg" 图像文件。

Step 02　单击 "图像" 菜单项，在弹出的菜单中选择 "调整" ｜ "曲线" 命令。

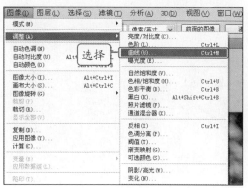

Step 03　打开 "曲线" 对话框，在对话框中设置曲线的走向。设置完成后单击　确定

按钮。

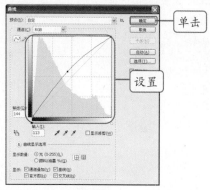

温馨提示牌 Warm and prompt licensing

应用曲线对图像进行编辑时，可以在对话框中单击曲线，以添加节点的方式来对图像进行细节部分调整。

Step 04　效果如下图所示。

5.3.3　亮度/对比度

"亮度/对比度" 命令主要用于调整一些光线不足，较暗的照片或者图像，将比较朦胧的图像通过使用 "亮度/对比度" 命令处理后，使图像变得清晰、明亮，更具有美感。

使用"亮度/对比度"命令可以对图像的色调范围进行简单的调整。将亮度滑块向右移动会增加色调值并扩展图像高光，将亮度滑块向左移动会减少色调值并扩展阴影。对比度滑块可扩展或收缩图像中色调值的总体范围。

在正常模式中，用"亮度/对比度"与用"色阶"和"曲线"调整相同，都是按比例（非线性）调整图像图层。当选定"使用旧版"时，使用"亮度/对比度"命令在调整亮度时只是简单地增大或减小所有像素值。这样会造成修剪高光或阴影区域，使其中的图像细节丢失，因此不建议在旧版模式下对摄影图像使用"亮度/对比度"命令。

关于"亮度/对比度"对话框的设置，向左拖移降低亮度和对比度，向右拖移增加亮度和对比度。每个滑块值右边的数值反映亮度或对比度值。"亮度"值的范围为-150～+150，"对比度"的范围为-50～+100。

新手演练
Novice exercises　　**突出主体图像**（源文件\第 5 章\突出主体图像.jpg）

Step 01 打开光盘文件中的"8.jpg"图像文件。

Step 02 单击"图像"菜单项，在弹出的菜单中选择"调整"｜"亮度/对比度"命令。

Step 03 打开"亮度/对比度"对话框，在对话框中将亮度设置为"18"，将对比度设置为"45"，单击 确定 按钮。

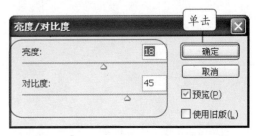

Step 04 从完成后的图像中可以看出最终效果比原图像更明亮，颜色更丰富。

温馨提示牌
Warm and prompt licensing

"亮度/对比度"命令只能对图像的整体亮度和对比度进行调整，对单个颜色通道不起作用。

5.3.4　色彩平衡

　　"色彩平衡"命令是一个功能较少，但操作直观、方便的色彩调整工具。在色调平衡选项中将图像笼统地分为"阴影"、"中间调"和"高光"3 个色调，每个色调可以进行独立的色彩调整。从 3 个色彩平衡滑块中，印证了色彩原理中的反转色：红对青、绿对洋红、蓝对黄。属于反转色的两种颜色不可能同时增加或减少。

 更改图像色彩（源文件\第 5 章\更改图像色彩.jpg）

Step 01　打开光盘文件中的"9.jpg"图像文件。

Step 02　单击"图像"菜单项，在弹出的菜单中选择"调整"｜"色彩平衡"命令，打开"色彩平衡"对话框，在对话框中设置"中间调"的相关参数。

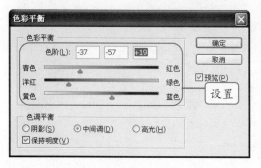

Step 03　在对话框中点选"高光"单选按钮，再设置"高光"区域中所包括的相关颜色，单击　确定　按钮。

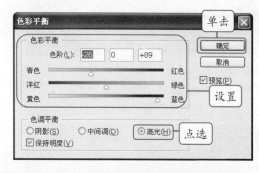

Step 04　对图像的色彩进行变换的效果如下图所示。

5.3.5　色相/饱和度

　　色相可以将一种颜色设置为另外一种颜色，而饱和度是控制图像色彩的浓淡程度，类似电视机中的色彩调节，改变的同时下方的色谱也会跟着改变。调至最低时图像就变为灰度图像了，对灰度图像改变色相是没有作用的。

　　"色相/饱和度"命令常用于调整图像的饱和度，在生活中常会遇到一些照片舍不得丢掉但是图像效果又不是很好的情况，此时就可以使用"色相/饱和度"命令对这些照片进行处理，使用"色相/饱和度"命令调整后就会使图像的色彩变得更加饱满，图像也更漂亮。

新手演练　*Novice exercises*　　**使图像色彩更鲜艳**（源文件\第5章\使图像色彩更鲜艳.jpg）

Step 01　打开光盘文件中的"10.jpg"图像文件。

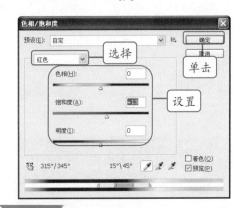

Step 02　选择"图像"｜"调整"｜"色相/饱和度"命令，打开"色相/饱和度"对话框，设置全图中颜色的色相以及饱和度等参数。

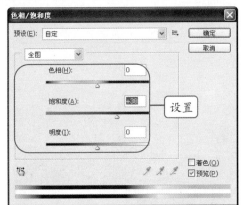

Step 03　继续在对话框中设置参数，在"颜色"下拉列表框中选择"红色"选项，设置饱和度为"13"单击　确定　按钮。

Z 职场经验谈　*Workplace Experience*

　　在"色相/饱和度"对话框中，如果要对另外的颜色进行设置，需要先在"颜色"下拉列表框中选择需要的颜色。

Step 04　将图像变为色彩饱和的图像效果。

5.3.6　替换颜色

　　使用"替换颜色"命令创建蒙版，将图像中的特定颜色替换为某些颜色。可以设置选定区域的色相、饱和度和亮度。由"替换颜色"命令创建的蒙版是临时性的。

　　在"替换颜色"对话框中被蒙版区域是黑色，未蒙版区域是白色，部分被蒙版区域（覆盖有半透明蒙版）会根据不透明度显示不同的灰色色阶。

替换背景颜色（源文件\第 5 章\替换背景颜色.jpg）

Step 01 打开光盘文件中的"11.jpg"图像文件。

Step 02 单击"文件"菜单项，在弹出的菜单中选择"调整"｜"替换颜色"命令。

Step 03 打开"替换颜色"对话框，应用对话框中的"吸管工具" ✏在图像窗口中单击，设置要替换的颜色区域、颜色容差和新颜色的色相/饱和度等，单击 确定 按钮。

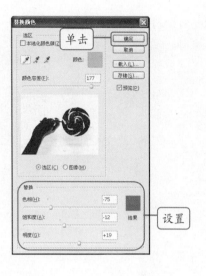

Step 04 将背景图像中的黄色区域设置为桃红色，完成替换颜色的相关操作。

5.3.7　匹配颜色

　　"匹配颜色"命令可匹配多个图像之间、多个图层之间或者多个选区之间的颜色。它还允许用户通过更改亮度和色彩范围以及中和色痕来调整图像中的颜色。"匹配颜色"命令仅适用于 RGB 模式。

　　"匹配颜色"命令除了匹配两个图像之间的颜色外，还可以匹配同一个图像中不同图层之间的颜色。"匹配颜色"命令可以调整图像的亮度、色彩饱和度和色彩平衡。"匹配颜色"命令中的高级算法使用户能够更好地控制图像的亮度和颜色成分。由于是调整单个图像中的颜色，而不是匹配两个图像之间的颜色，因此校正的图像既是源图像又是目标图像。

制作相同色调图像（源文件\第 5 章\制作相同色调图像.psd）

Step 01 打开光盘文件中的"12.jpg"图像文件。

Step 02 打开光盘文件中的"13.jpg"图像。

Step 03 单击"图像"菜单项，在弹出的菜单中选择"调整"｜"匹配颜色"命令。

Step 04 打开"匹配颜色"对话框，在"图像选项"栏中分别设置明亮度、颜色强度和渐隐为"178"、"40"、"54"，并在"源"下拉列表框中选择"12.jpg"选项，单击 确定 按钮。

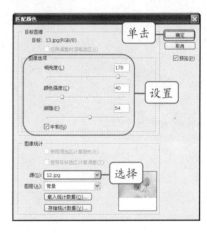

Step 05 将人物图像设置为花朵图像的色调。

 职场经验谈
Workplace Experience

在"匹配颜色"对话框中要设置源图像的名称和图层，如果为当前图层的图像，则设置为背景图层。

5.3.8 通道混和器

"通道混和器"是 Adobe Photoshop 软件中的一个关于色彩调整的命令，该命令可以调整某一个通道中的颜色成分，选择"图像"｜"调整"｜"通道混和器"命令，即可打开"通道混和器"对话框。

知识点拨 Knowledge   认识"通道混和器"对话框

输出通道：可以选择要在其中混合一个或多个源通道的通道。

源通道：拖动滑块可以减少或增加源通道在输出通道中所占的百分比，或在文本框中直接输入-200～+200 之间的数值。

常数：该选项可以将一个不透明的通道添加到输出通道。若为负值时为黑通道，正值时为白通道。

单色：勾选此复选框对所有输出通道应用相同的设置，创建该色彩模式下的灰度图。

"通道混和器"命令多用于调整图像的通道颜色，使图像从一个色调变为另一个色调。

新手演练 Novice exercises   变换风景季节（源文件\第 5 章\变换风景季节.jpg）

Step 01 打开光盘文件中的"14.jpg"图像文件。

Step 02 单击"图像"菜单项，在弹出的菜单中选择"调整"｜"通道混和器"命令。

Step 03 打开"通道混和器"对话框，分别

设置红色调、绿色调和蓝色调，主要通过拖动滑块来进行设置，并且要选择合适的"输出通道"，单击 [确定] 按钮。

Step 04 完成图像的设置效果如下。

5.3.9　黑白

　　使用"黑白"命令可将彩色图像转换为灰度图像，同时保持对各颜色转换方式的完全控制。也可以通过对图像应用色调来为灰度着色，如创建棕褐色效果。"黑白"命令与"通道混合器"的功能相似，也可以将彩色图像转换为单色图像，并允许调整颜色通道的输入。

新手演练　Novice exercises　**制作局部黑白照片**（源文件\第 5 章\制作局部黑白照片.psd）

Step 01　打开光盘文件中的"15.jpg"图像文件。

Step 02　打开"图层"面板，复制背景图层。

Step 03　单击"图像"菜单项，在弹出的菜单中选择"调整"|"黑白"命令，打开"黑白"对话框，在对话框中设置不同颜色的参数。

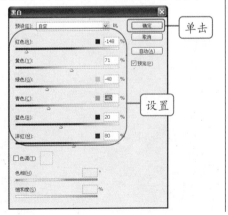

Step 04　单击　确定　按钮，即可将图像转为黑白效果。

Step 05　打开"图层"面板，单击底部的"添加图层蒙版"按钮，为图层添加图层蒙版。

Step 06　对图层蒙版进行编辑，将前景色设置为"黑色"，应用"画笔工具"在花朵图像上单击，将部分图像进行还原。

5.3.10　去色

运用"去色"命令，可以将彩色的图像变为黑白，其主要用途是制作黑白的图像效果，主要操作为打开要编辑的图像，选择"图像"｜"调整"｜"去色"命令，即可将图像转换为黑白效果，但是和"黑白"命令转换的效果有差异，应用"黑白"命令制作的黑白图像更能体现细节。

新手演练 Novice exercises　**将图像去色**（源文件\第 5 章\去色.jpg）

Step 01　打开光盘文件中的"16.jpg"图像文件。

Step 02　选择"图像"｜"调整"｜"去色"命令，即可得到去色后的图像效果。

5.3.11　反相

"反相"命令用于调整反转图像中的颜色。可以在创建边缘蒙版的过程中使用"反相"命令，以便对图像的选定区域应用锐化或做其他调整。在对图像进行反相时，通道中每个像素的亮度值都会转换为 256 级颜色值标度上相反的值。例如，正片图像中值为 255 的像素会被转换为 0，值为 5 的像素会被转换为 250。

　将图像反相（源文件\第 5 章\得到反相的图像.jpg）

Step 01　打开光盘文件中的"17.jpg"图像文件。

Step 02　单击"图像"菜单项，在弹出的菜单中选择"调整"｜"反相"命令，即可得到反相后的图像效果。

5.3.12 照片滤镜

    "照片滤镜"调整模仿以下技术：在相机镜头前面加彩色滤镜，以便调整通过镜头传输的光的色彩平衡和色温，使胶片曝光。"照片滤镜"可以选择颜色预设，以便将色相调整应用到图像。如果希望应用自定义颜色调整，则"照片滤镜"调整还可以使用 Adobe 拾色器来指定颜色。

    在"照片滤镜"对话框中可以根据所打开的图像来选择合适的滤镜类型，加温滤镜（85和 LBA）及冷却滤镜（80 和 LBB）用于调整图像中的白平衡的颜色转换滤镜。如果图像是使用色温较低的光（微黄色）拍摄的，则冷却滤镜(80)使图像的颜色更蓝，以便补偿色温较低的环境光。相反，如果照片是用色温较高的光（微蓝色）拍摄的，则加温滤镜(85)会使图像的颜色更暖，以便补偿色温较高的环境光。 加温滤镜(81)和冷却滤镜(82)使用光平衡滤镜来对图像的颜色品质进行细微调整。加温滤镜(81)使图像变暖（变黄），冷却滤镜(82)使图像变冷（变蓝)。

新手演练 Novice exercises　　**添加图像色调**（源文件\第 5 章\添加图像色调.jpg）

Step 01 打开光盘文件中的"18.jpg"图像文件。

Step 02 单击"图像"菜单项，在弹出的菜单中选择"调整"｜"照片滤镜"命令。

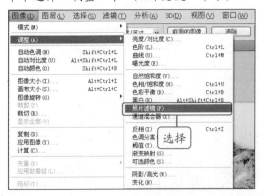

Step 03 打开"照片滤镜"对话框，在"滤镜"后的下拉列表框中选择"加温滤镜（85）"选项，设置浓度为"37%"，也可以单击对话框中的颜色色标重新设置颜色。设置完成后单击　确定　按钮。

Step 04 为图像添加一层色调效果如下图所示。

5.3.13　变化

　　"变化"命令通过显示替代物的缩览图，调整图像的色彩平衡、对比度和饱和度。此命令对于不需要精确颜色调整的平均色调图像最为有用，而且此命令不适用于索引颜色图像或 16 位/通道的图像。

　　在"变化"对话框中进行设置时，单击缩览图产生的效果是累积的。例如，单击"加深红色"缩览图两次将应用两次调整。在每单击一个缩览图时，其他缩览图都会更改。三个"当前挑选"缩览图始终反映当前的选择情况，所以在设置颜色时要注意。

新手演练　Novice exercises　**设置人物唇彩颜色**（源文件\第 5 章\设置人物唇彩颜色.psd）

Step 01　打开光盘文件中的"19.jpg"图像文件。

Step 02　使用"套索工具"框选图像中人物的唇部。

选择

Step 03　单击"选择"菜单项，在弹出的菜单中选择"修改"｜"羽化"命令，打开"羽化选区"对话框，设置羽化半径为"15 像素"，单击 确定 按钮。

羽化选区　输入　单击
羽化半径(R)　15　像素　确定　取消

温馨提示牌　Warm and prompt licensing

　　羽化选区的作用是使编辑后的嘴唇颜色和脸部图像更融合，不会显示突兀。

Step 04　按 **Ctrl+J** 组合键为选区创建一个新的图层，新建的图层将显示在"背景"图层的上方。

图层　通道　路径
正常　不透明度：100%
锁定：□ ✓ ✚ 🔒　填充：100%
图层　新图层
背景

Step 05　单击"图像"菜单项，在弹出的菜单中选择"调整"｜"变化"命令，打开"变化"对话框，参照对话框所示设置变化的颜色。设置完成后单击 确定 按钮。

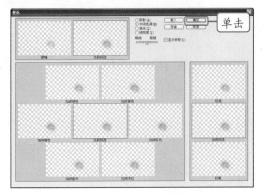

Step 06　变化后的人物嘴唇图像如下图所示。

Step 07　在"图层"面板中将"图层1"的不透明度设置为"70%"。

Step 08　设置后可以将嘴唇颜色变淡，效果如下图所示。

5.4　新建图层调整图像色彩

新建图层调整图像色彩主要是通过调整新建图层和新建填充图层来完成，通过新建的图层对图像的色彩进行重新编辑和调整。调整图层时，其中所涉及的相关命令和"图像"菜单中的命令相同，而填充图层是通过新建不同的颜色图层来编辑图像。

5.4.1　新建调整图层

调整图层可将颜色和色调调整应用于图像，而不会永久更改像素值。例如，可以创建"色阶"或"曲线"调整图层，而不是直接在图像上调整"色阶"或"曲线"。颜色和色调调整存储在调整图层中，并应用于它下面的所有图层。可以随时扔掉更改并恢复原始图像。调整图层选择匹配"调整"面板中可用的命令。从"图层"面板中选择调整图层可显示"调整"面板中的相应命令。如果"调整"面板已关闭，可以通过双击"图层"面板中的调整图层缩览图来打开。

综合调整风景图片（源文件\第 5 章\综合调整风景图片.psd）

Step 01 打开光盘文件中的 "20.jpg" 图像文件。

Step 02 单击 "图层" 菜单项，在弹出的菜单中选择 "新建调整图层" ｜ "色阶" 命令。

Step 03 打开 "调整" 面板，设置其中的色阶数值。

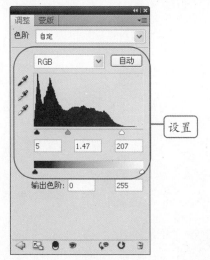

Step 04 打开 "图层" 面板，从中可以看出已经新建一个新的调整图层，名称为 "色阶 1"。

Step 05 从图像窗口中可以查看应用色阶对图像进行调整后的效果。

Step 06 应用前面所述的新建调整图层的方法，新建一个 "亮度/对比度" 图层，并设置 "调整" 面板中的参数。

Step 07 从图像窗口中查看设置"亮度/对比度"后的效果。

Step 08 继续对图像进行编辑,新建"色相/饱和度"图层,打开"调整"面板对图像进行编辑,设置"饱和度"和"明度"的相关数值。

Step 09 在"图层"面板中将会出现所创建的调整图层。

Step 10 在"调整"面板中设置完成后可以查看图像的最终效果。

温馨提示牌
Warm and prompt licensing

在"图层"面板中创建一个新的调整图层后,才能应用"调整"面板对图像进行编辑。

5.4.2 新建填充图层设置图像

填充图层可以用纯色、渐变或图案填充图层。与调整图层不同,填充图层不影响其下面的图层。

知识点拨 **填充图层的3种类型**

纯色:用当前前景色填充调整图层。使用拾色器选择其他填充颜色。

图案:单击图案,并从弹出式面板中选择一种图案。

渐变:单击"渐变"以显示"渐变编辑器",或单击倒箭头并从弹出式面板中选择一种渐变。可以在图像窗口中拖动以移动渐变中心。

新手演练
Novice exercises　　**制作叠加效果图像**（源文件\第 5 章\制作叠加效果图像.psd）

Step 01　打开光盘文件中的 "21.jpg" 图像文件。

Step 02　单击 "图层" 菜单项，在弹出的菜单中选择 "新建填充图层" ｜ "渐变" 命令。打开 "新建图层" 对话框，设置图层的名称为 "渐变填充 1"，单击　确定　按钮。

Step 03　打开 "渐变填充" 对话框，在对话框中设置要填充的渐变色，样式为 "线性"，角度为 "90"，缩放为 "100%"。设置完成后单击　确定　按钮。

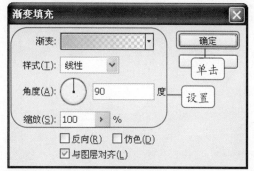

Step 04　可以在 "图层" 面板中查看所创建的新的填充图层，新建图层的名称为 "渐变填充 1"，位于 "背景" 图层的上方。

温馨提示牌
Warm and prompt licensing

图像窗口中的填充渐变效果为前面所设置的渐变颜色以及角度。

Step 05　在图像窗口中可以查看新建渐变图层后的图像效果。

Step 06　设置 "渐变填充 1" 图层的图层混合模式为 "叠加"。

温馨提示牌
Warm and prompt licensing

对于新建的填充图层也可以通过设置 "图层混合模式" 来对其进行编辑。

本操作的演练过程，查看与原图像的对比效果，色调更明显。

Step 07　设置完成图层混合模式后即可完成

5.5　职场特训

　　本章主要介绍了应用 Photoshop CS4 中图像菜单中的相关命令，对图像色彩、明暗等进行调整，从图像的自动调整开始讲述，到应用高级的调整命令对图像进行细节部分的调整。学完本章内容后，下面通过相关的实例来巩固本章所学知识。

特训 1：调整选择的图像（源文件\第 5 章\调整选取的图像.jpg）

1.　打开素材文件中的"调整选取的图像.jpg"图像文件。
2.　应用"矩形选框工具"在图像中拖动，选择花朵图像。
3.　单击"图像"菜单项，在弹出的菜单中选择"调整"｜"色相/饱和度"命令。
4.　在打开的"色相/饱和度"对话框中设置色相为"-35"，饱和度为"6"。
5.　按 Ctrl+D 组合键取消选择。

温馨提示牌 Warm and prompt licensing

在对图像色彩进行编辑时，可以所列举的色相/饱和度来进行调整，也可以应用调整菜单中其他命令。

特训 ≥：调整图像明暗（源文件\第 5 章\调整图片明暗.jpg）

1. 打开素材文件中的"调整图像明暗.jpg"图像文件。

2. 单击"图像"菜单项，在弹出的菜单中选择"调整"｜"亮度/对比度"命令。

3. 打开"亮度/对比度"对话框，并根据预览的图像效果，在对话框中设置参数。

4. 制作完毕后，保存图像。

温馨提示牌
Warm and prompt licensing

对图像亮度的调整就是对图像中的低色调、半色调和高色调图像区域同时增加或降低亮度。

特训 ∃：调整图像色调（源文件\第 5 章\调整图像色调.jpg）

1. 打开素材文件中的"调整图像色调.jpg"图像文件。

2. 单击"图像"菜单项，在弹出的菜单中选择"调整"｜"色彩平衡"命令。

3. 打开"色彩平衡"对话框，在对话框中应用鼠标拖动滑块，设置对话框中的参数。

4. 制作完毕后，保存图像。

温馨提示牌
Warm and prompt licensing

"色彩平衡"对话框中的"阴影"、"中间调"和"高光"单选按钮分别对应图像中的低色调、半色调和高色调。点选相应的单选按钮表示要对图像中对应的色调区域进行调整。

特训 4：调整图像饱和度（源文件\第 5 章\调整图像饱和度.jpg）

1. 打开素材文件中的"调整图像饱和度.jpg"图像文件。

2. 单击"图像"菜单项，在弹出的菜单中选择"调整" | "色相/饱和度"命令。

3. 打开"色相/饱和度"对话框，在对话框中应用鼠标拖动滑块，设置对话框中的参数。

4. 制作完毕后，保存图像。

温馨提示牌
Warm and prompt licensing

在"色相/饱和度"对话框中，可以在"编辑"下拉列表框中设置要调整的颜色范围。勾选"着色"复选框后，可使用同一种颜色来置换原图像中的颜色。

第6章

图像的编辑与修饰

精彩案例

绘制星形背景

更改图像效果

去除图像中的文字

修复人物脸部图像

本章导读

Photoshop CS4 中提供了很多编辑与修饰图像的工具,应用这些
工具可以将原本有瑕疵的图像变得更完美。这些工具主要包括修改图
像的"历史记录艺术画笔工具",绘制图像的"画笔工具",修饰图像
的"污点修复画笔工具"。在本章中,我们将应用这些工具对图像进行
修饰。

6.1 图像的绘制

图像的绘制主要通过"画笔工具"来完成，"画笔工具"和"铅笔工具"与传统绘图工具的相似之处在于，它们都是使用画笔描边来应用颜色，并且根据需要设置不同的画笔形状。

6.1.1 画笔工具

"画笔工具"在绘制图像时是经常会用到的，在"画笔"面板中可以对画笔进行设置，而且如果系统所自带的画笔工具达不到所需的图像效果时，还可以自定义画笔。"画笔工具"还可用于更换物体本身的颜色，使用画笔工具在背景上绘制所需的颜色或者图案。

知识点拨 Knowledge　"画笔工具"属性栏中相关参数的含义

模式：设置如何将绘画的颜色与下面的现有像素混合的方法，可用模式将根据当前选定工具的不同而变化，绘画模式与图层混合模式类似。

不透明度：设置应用颜色的不透明度。在某个区域上方进行绘画时，释放鼠标前，无论将指针移动到该区域上方多少次，不透明度都不会超出设定的级别。如果再次在该区域上方描边，则将会再应用与设置的不透明度相当的其他颜色。

流量：当将指针移动到某个区域上方时设置应用颜色的速率。在某个区域上方进行绘画时，如果一直按住鼠标，颜色量将根据流动速率增大，直至达到不透明度设置。

喷枪：使用喷枪模拟绘画。将指针移动到某个区域上方时，如果按住鼠标，颜料量将会增加。单击此按钮可打开或关闭此选项。

自动抹除：（仅限"铅笔工具"）在包含前景色的区域上方绘制背景色。选择要抹除的前景色和更改为的背景色。

要使用"画笔工具"，首先需要在"画笔"面板中设置相应的画笔大小和样式。

新手演练 Novice exercises　绘制星形背景（源文件\第6章\绘制星形背景.jpg）

Step 01 打开光盘文件中的"1.jpg"图像文件。

Step 02 打开"画笔"面板，并选择预设的画笔形状，这里单击星形画笔形状。

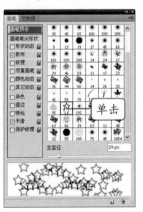

Step 03 勾选"画笔笔尖形状"复选框，在右侧的选项区域中设置画笔的直径、硬度和间距等参数。

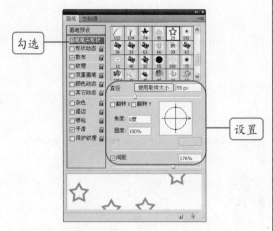

Step 04 勾选左侧的"形状动态"复选框，在右侧的选项区域中设置相关的参数。

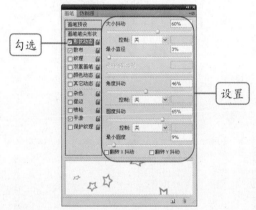

Step 05 勾选"画笔"面板中左侧的"散布"复选框，然后在右侧的选项区域中设置相应参数。

在对画笔进行设置时，要先应用鼠标勾选不同的复选框，打开相应的选项区域，然后才能进行设置。

Step 06 单击前景色色标，打开"拾色器（前景色）"对话框，设置颜色为"桃红色"（R:228,G:0,B:127），单击 确定 按钮。

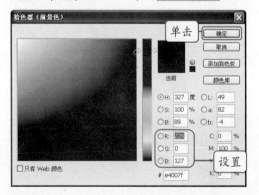

Step 07 应用设置的"画笔工具" 在背景图像中拖动，绘制出设置的星形图像。

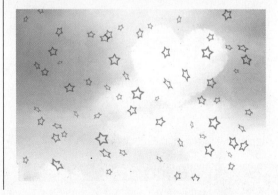

6.1.2　铅笔工具

"铅笔工具"创建硬边直线，应用该工具开始拖动时，如果光标的中心在前景色上，

则该区域将涂抹成背景色。如果在开始拖动时光标的中心在不包含前景色的区域上，则该区域将被绘制成前景色。

在"铅笔工具"的属性栏中勾选"自动抹除"复选框后，该工具可作为橡皮擦工具进行使用，将所绘制的线条进行抹除。

画笔：35　模式：溶解　不透明度：100%　□自动抹除

新手演练 Novice exercises　　**绘制线条图形**（源文件\第 6 章\绘制线条图形.jpg）

Step 01 打开光盘文件中的"2.jpg"图像文件。

Step 02 使用"铅笔工具"在图像左侧的区域上进行拖动，绘制线条。

Step 03 继续应用"铅笔工具"在图像其余

位置拖动，绘制另外边缘上的线条。

Step 04 对于另外两边的线条也应用同样的方法进行绘制。在绘制时，要应用"铅笔工具"靠齐图像的边缘，使绘制的线条相同。

6.2　图像的修改

在绘制图像时常遇到将图像绘制错误，或者想返回上一步操作的情况，这时需要历史记录面板来帮忙。在该面板中可以将不要的操作步骤删除，还可以与历史记录画笔工具相结合使用，直至得到满意的图像效果。

6.2.1 "历史记录"面板

选择"窗口"｜"历史记录"命令，在图像窗口中显示出"历史记录"面板，效果如下图所示。

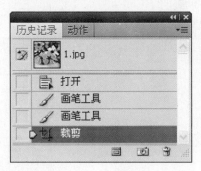

知识点拨 Knowledge　认识"历史记录"面板

历史记录画笔图标 ：应用"历史记录画笔工具"时，单击该图标可以返回到此图标标记之前的步骤。

历史状态滑块 ：位于当前操作中的步骤上，可以通过拖动滑块更改操作步骤。

从当前状态创建新文档按钮 ：单击此按钮

可以将画面中的图片进行复制，新建一个新的图片。

创建新快照按钮 ：选择操作中的历史记录步骤，单击此按钮即可创建新快照。

删除当前状态按钮 ：将记录的历史步骤拖动到此按钮上，即可将其删除。

返回到上步操作的主要作用是将不需要的操作删除，便于对图像的修改，可以回到图像前面的状态。

新手演练 Novice exercises　返回到上步操作（源文件\第 6 章\返回到上步操作.jpg）

Step 01 打开光盘文件中的"4.jpg"图像文件。

Step 02 应用"裁剪工具" 在图像中拖动，注意选择合适的裁剪边缘。

Step 03 将图像调整至合适位置后，按 Enter 键应用裁剪，并查看裁剪后的图像。

Step 04 打开"历史记录"面板，选择"打开"操作选项。

Step 05 执行上步操作后，"打开"操作选项被选择。

Step 06 从图像窗口中可以查看返回到"打开"操作时的图像效果，图像未被裁剪。

6.2.2　历史记录画笔工具

　　"历史记录画笔工具"使用指定历史记录状态或快照中的源数据，以风格化描边进行绘画。通过尝试使用不同的绘画样式、大小和容差选项，可以用不同的色彩和艺术风格模拟绘画的纹理。

　更改图像效果（源文件\第 6 章\更改图像效果.jpg）

Step 01 打开光盘文件中的"5.jpg"图像文件。

Step 02 按 Ctrl+U 组合键，打开"色相/饱和度"对话框，设置色相、饱和度的相关数值，单击　确定　按钮。

Step 03 得到调整色相/饱和度后的图像效果。

Step 04 选择"窗口"|"历史记录"命令，打开"历史记录"面板。

Step 05 选择工具箱中的"历史记录画笔工

具"，使用该工具在"历史记录"面板中单击，以确定源数据。

Step 06 使用"历史记录画笔工具"在花朵的背景图像中单击，直至将这部分图像还原。

6.2.3　历史记录艺术画笔工具

　　与"历史记录画笔工具"相同，"历史记录艺术画笔工具"也将指定的历史记录状态或快照用做源数据。但"历史记录画笔"通过重新创建指定的源数据来绘画，而"历史记录艺术画笔工具"在使用这些数据的同时，创建出不同的颜色和艺术风格设置的选项。

　制作模拟绘画图像（源文件\第 6 章\制作模拟绘画图像.jpg）

Step 01 打开光盘文件中的"6.jpg"图像文件。

Step 02 在工具箱中选择"历史记录艺术画笔工具"，在属性栏中设置相关参数，将样式设置为"绷紧短"，区域为"10px"，容差为"0%"。

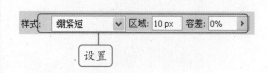

Step 03　应用设置的"历史记录艺术画笔工具"在花朵图像的中间区域上单击，制作出绘画效果。

Step 04　连续应用"历史记录艺术画笔工具"在图像中单击，直至将各个区域都制作成绘画效果。

6.3　图像大小的变换

　　图像大小的变换主要通过 3 种操作进行设置，分别为应用"裁剪工具"，设置"画布大小"和设置"图像大小"，这 3 种操作都可以对图像大小进行更改，获得变换后的新图像效果。

6.3.1　裁剪工具

　　裁剪是移去部分图像以形成突出或加强构图效果的过程，可以使用"裁剪工具"裁剪图像。

　　要在裁剪过程中对图像进行重新取样，可以在属性栏中输入高度、宽度和分辨率的值。只有提供了宽度和高度以及分辨率的值，裁剪工具才会对图像重新取样。如果输入了高度和宽度尺寸并且想要快速交换值，可以单击"高度和宽度互换"图标。

 更改图像构图（源文件\第 6 章\更改图像构图.jpg）

Step 01　打开光盘文件中的"7.jpg"图像文件。

Step 02　选择"裁剪工具"，并应用该工具在图像中拖动。

Step 03 使用鼠标调整裁剪框的大小，将边框向图像中间区域进行拖动。

Step 04 设置合适的边框和图像大小后，按 Enter 键应用裁剪后的图像。

6.3.2 画布大小的设置

　　画布大小是指图像的完全可编辑区域，"画布大小"命令可增大或减小图像的画布大小。增大画布会在现有图像周围添加空间；减小图像的画布会裁剪图像。如果增大带有透明背景的图像的画布大小，则添加的画布是透明的，如果图像没有透明背景，则添加的画布的颜色将由几个选项决定。

　　在 Photoshop CS4 中主要通过打开"画布大小"对话框来设置画布的大小，在对话框中设置相对位置的大小，可以直接设置画布大小，添加图像的颜色将由背景色来决定。

 新手演练　**更改画布大小**（源文件\第 6 章\更改画布大小.jpg）

Step 01 打开光盘文件中的"8.jpg"图像文件。

Step 02 选择"图像"｜"画布大小"命令。

Step 03 打开"画布大小"对话框，在该对话框中可以查看当前打开图像的大小，如宽度和高度的相关数值。

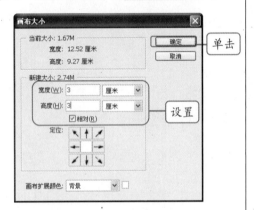

Step 04　勾选对话框中的"相对"复选框，对宽度和高度重新进行设置，这里均设置为"3厘米"。设置完成后单击 确定 按钮。

Step 05　更改画布的大小后效果如下图所示。

6.3.3　图像大小的设置

图像大小（或像素大小）是图像宽度和高度上的像素数量。例如，数码相机可以拍摄的照片是 3000 个像素宽 2000 个像素高。这两种尺寸与图像文件的大小有直接的关系，它们都表示照片中图像数据的数量。

图像大小的设置是通过"图像"菜单中的命令来进行的，选择"图像"|"图像大小"命令，即可对图像大小重新进行设置，图像大小决定了图像的清晰度，可以通过设置图像大小的方法来增大图像的分辨率。

在"图像大小"对话框中可以通过设置"宽度"和"高度"值来控制图像大小，也可以设置分辨率来调整图像大小。

 设置图像大小（源文件\第 6 章\设置图像大小.jpg）

Step 01　打开光盘文件中的"9.jpg"图像文件。

Step 02 选择"图像"|"图像大小"命令。

Step 03 打开"图像大小"对话框，在该对话框中可以查看当前打开图像的相关数值。

Step 04 在对话框中将宽度和高度重新进行设置，将宽度设置为"283 像素"，高度设置为"213 像素"，设置完成后单击 确定 按钮。

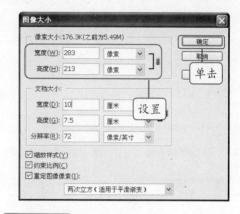

Z 职场经验谈
Workplace Experience

在"图像大小"对话框中设置等比例缩放的图像时，一定要注意勾选"约束比例"复选框。

Step 05 在等比例的窗口中可以看出将宽度和高度变小后，图像也随之变小。

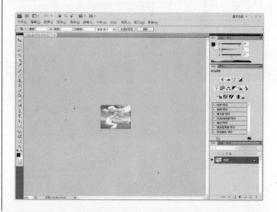

6.4　图像的修饰

　　Photoshop 是一个很好的修饰图像的软件，随着人们审美水平的不断提高，人们对图像的要求也越来越高。加工图像时会大量地运用到 Photoshop 中的许多修饰图像的工具，本节主要介绍如何运用这些修饰图像的工具将图像变得更完美。

6.4.1 污点修复画笔工具

"污点修复画笔工具"可以快速除去照片中的污点和其他不理想部分。污点修复画笔的工作方式与修复画笔类似：它使用图像或图案中的样本像素进行绘画，并将样本像素的纹理、光照、透明度和阴影与所修复的像素相匹配。与"修复画笔工具"不同，"污点修复画笔工具"不要求指定样本点，污点修复画笔将自动从所修饰区域的周围取样。

 去除图像中的文字（源文件\第 6 章\去除图像中的文字.jpg）

Step 01 打开光盘文件中的"10.jpg"图像文件。

周围的像素所替换。

Step 02 选择"污点修复画笔工具" ，使用该工具在文字上拖动。

Step 04 连续拖动"污点修复画笔工具" 将标题文字去除，对于说明文字也应用同样的方法进行编辑，最后得到没有文字的图像效果。

Step 03 释放鼠标后，鼠标拖动过的区域被

6.4.2 修复画笔工具

"修复画笔工具"可用于校正瑕疵，使其消失在周围的图像中。与仿制工具相同，使用"修复画笔工具"可以利用图像或图案中的样本像素来绘画。但"修复画笔工具"还可将样本像素的纹理、光照、透明度和阴影与所修复的像素进行匹配，从而使修复后的像素不留痕迹地融入图像的其余部分。"修复画笔工具"属性栏中的各项含义如下：

画笔: 20　模式: 正常　源: ⦿取样　○图案　☐对齐　样本: 当前图层

知识点拨
Knowledge　　**认识"修复画笔工具"属性栏**

模式: 指定混合模式。选择"替换"可以在使用柔边画笔时，保留画笔描边的边缘处的杂色、胶片颗粒和纹理。

源: 指定用于修复像素的源。"取样"可以使用当前图像的像素，而"图案"可以使用某个图案的像素。如果选择了"图案"，从"图案"弹出面板中选择一个图案。

对齐: 选择"对齐"，连续对像素进行取样，即使释放鼠标，也不会丢失当前取样点。如果取消选择"对齐"，则会在每次停止并重新开

始绘制时使用初始取样点中的样本像素。

样本: 从指定的图层中进行数据取样。要从现用图层及其下方的可见图层中取样，请选择"当前和下方图层"；要仅从现用图层中取样，请选择"当前图层"；要从所有可见图层中取样，请选择"所有图层"；要从调整图层以外的所有可见图层中取样，请选择"所有图层"，然后单击"取样"弹出式菜单右侧的"忽略调整图层"图标。

　　"修复画笔工具"可以连续在图像中所要修复的区域上拖动，可以重复对同一区域的图像进行编辑，使图像效果更细致。

新手演练
Novice exercises　　**修复人物脸部图像**（源文件\第 6 章\修复人物脸部图像.jpg）

Step 01　打开光盘文件中的"11.jpg"图像文件。

Step 02　选择"修复画笔工具" 🖌️，并按住 Alt 键在人物不需要修复的皮肤上单击取样。

Step 03　连续应用"修复画笔工具" 🖌️在图像中拖动，直至将左边脸部变光滑。

Step 04　在图像上人物鼻子部分较完整的皮肤上单击取样，使用"修复画笔工具" 🖌️在图像中进行拖动，将鼻子图像修复完整。

Step 05 应用相同的方法对右脸图像也进行编辑，将整个人物脸部图像都变光滑。

职场经验谈
Workplace Experience

在应用"修复画笔工具"对图像进行修复时，可以先选择较小的画笔，修复一块完整的区域后，再设置较大画笔。

6.4.3　修补工具

使用"修补工具"可以用其他区域或图案中的像素来修复选中的区域。像修复画笔工具一样，"修补工具"会将样本像素的纹理、光照和阴影与源像素进行匹配，还可以使用"修补工具"来仿制图像的隔离区域。"修补工具"可处理 8 位/通道或 16 位/通道的图像。

知识点拨　应用"修补工具"的两种方式
Knowledge

"源"单选按钮：如果在属性栏中点选了"源"单选按钮，将选区边框拖动到想要从中进行取样的区域，移动鼠标时，原来选中的区域被取样像素修补。

"目标"单选按钮：如果在属性栏中点选了"目标"单选按钮，将选区边框拖动到要修补的区域，释放鼠标时，将使用样本像素修补新选定的区域。

使用"修补工具"对图像进行编辑时，可以应用软件中所提供的创建选区的工具，将所要编辑的区域选取，然后使用"修补工具"对图像进行编辑，将要修复的区域拖动到源图像中，以修复图像。

新手演练　移除多余图像（源文件\第 6 章\移除多余图像.jpg）
Novice exercises

Step 01 打开光盘文件中的"12.jpg"图像文件。

Step 02 选择"修补工具" 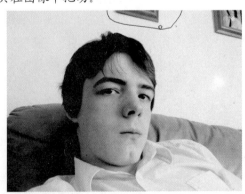，并使用该工

具在图像中拖动。

Step 03 释放鼠标后会得到选区，并将所选择的区域向左侧进行拖动。

Step 04 释放鼠标后，会将所要修补的区域以取样的区域像素进行填充。

Step 05 连续应用此方法，使相框消失不见。

Step 06 使用相同的方法，应用"修补工具"修复另外一个相框。

Step 07 可以反复应用"修补工具"对图像进行编辑，使图像变得更自然，真实。

Z 职场经验谈
Workplace Experience

使用"修补工具"修复图像时，可以反复应用所选择的区域在图中拖动，直至修复完成。

6.4.4　红眼工具

"红眼工具"可移去用闪光灯拍摄的人像或动物照片中的红眼，也可以移去用闪光灯拍摄的动物照片中的白色或绿色反光。

红眼是由于相机闪光灯在主体视网膜上反光引起的。在光线暗淡的房间照相时，由于被拍摄主体的虹膜张开得很宽，结果将会更加频繁地看到红眼。为了避免红眼，使用相机的红眼消除功能。或者最好使用可安装在相机上远离相机镜头位置的独立闪光装置。

新手演练 Novice exercises　　**去除人物红眼**（源文件\第 6 章\去除人物红眼.jpg）

Step 01 打开光盘文件中的"13.jpg"图像文件。

Step 02 选择"红眼工具" ，并使用该工具在人物的眼部上拖动。

框选

Step 03 释放鼠标后，即可将红色区域以瞳孔颜色所替换。

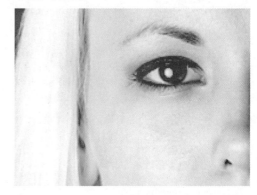

Step 04 对于另外的眼睛，也应用"红眼工具"对图像进行编辑。

6.4.5　仿制图章工具

　　"仿制图章工具"是一个很好用的工具，也是一个很神奇的工具，它能够按涂抹的范围复制全部或者部分到一个新的图像中。在工具箱中选择"仿制图章工具"，然后把鼠标放到要被复制图像的窗口上，这时鼠标将显示一个图章的形状，和工具箱中的图章形状相同。按住 Alt 键，单击进行定点选样，这样复制的图像被保存到剪贴板中。把鼠标移到要复制图像的窗口中，选择一个点，然后按住鼠标拖动即可逐渐出现复制的图像。

　　在使用"仿制图章工具"时，会在该区域上设置要应用到另一个区域上的取样点。通过在属性栏中选择"对齐"选项，无论绘画过程中停止和继续过多少次，都可以重新使用最新的取样点。当"对齐"选项处于取消选择状态时，将在每次绘画时重新使用同一个样本像素。

画笔：15　模式：正常　不透明度：80%　流量：100%　☑对齐　样本：当前图层

知识点拨 Knowledge　认识"仿制图章工具"属性栏

对齐：连续对像素进行取样，即使释放鼠标，也不会丢失当前取样点。如果取消选择"对齐"选项的选择，则会在每次停止并重新开始绘制时使用初始取样点中的样本像素。

样本：从指定的图层中进行数据取样。要从现用图层及其下方的可见图层中取样，选择"当

前和下方图层"；要从现用图层中取样，选择"当前图层"；要从所有可见图层中取样，选择"所有图层"；要从调整图层以外的所有可见图层中取样，选择"所有图层"，然后单击"取样"弹出式菜单右侧的"忽略调整图层"图标。

新手演练 Novice exercises　修复多余的图像（源文件\第 6 章\修复多余的图像.jpg）

Step 01　打开光盘文件中的"14.jpg"图像文件。

要修复的区域上拖动，该区域用取样图像进行遮盖修复。

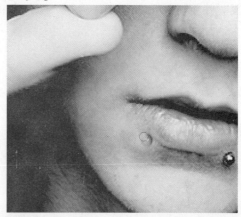

Step 02　选择"仿制图章工具"，并按住Alt 键在脸部区域单击取样。

Step 04　连续使用"仿制图章工具"在嘴唇边缘上单击，直至唇环消失。

Step 03　应用取样的区域反复在人物下嘴唇

Step 05　继续应用"仿制图章工具"在右

侧的脸部进行取样,使用取样的区域向下嘴唇
右边的唇环区域拖动,直至将唇环去掉。

6.4.6　图案图章工具

　　使用"图案图章工具"可以利用图案进行绘画,可以从图案库中选择图案或者自定义
图案。使用"图案图章工具"时,先自定义一个图案,用"矩形选框工具"框选图案中的
一个范围后,选择"编辑" | "定义图案"命令,这时该命令呈灰色,即处于隐藏状态,
这种情况下定义图案实现不了,这可能是在操作时设置了"羽化"值,这时选择"矩形选
框工具"后,在属性栏中不要设置"羽化"数值。

新手演练　**制作图像背景**（源文件\第 6 章\制作图像背景.psd）

Step 01　打开光盘文件中的"15.psd"图像
文件。

Step 02　打开"图层"面板,选择"背景"
图层。

Step 03　选择"图案图章工具" ，并在属
性栏中单击色块,打开"图案"拾色器,选择
合适的图案。

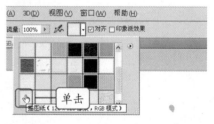

Step 04　使用"图案图章工具" 在图中拖
动,将背景绘制上所选择的图案效果。

Step 05 连续应用"图案图章工具"在背景图层中单击，直至绘制上所选择的图案为止，使用"图案图章工具"绘制时，要将不透明度设置为"100%"。

职场经验谈
Workplace Experience

应用"图案图章工具"对图像进行编辑时，可以将自定义的图案也应用到所仿制的区域中。

6.5 图像的旋转

使用"图像旋转"命令可以旋转或翻转整个图像，该命令不适用于单个图层或图层的某一部分、路径以及选区边界。若要旋转选区或图层，使用"变换"或"自由变换"命令。

6.5.1 顺时针和逆时针旋转

使用"图像旋转"命令是破坏性的编辑，会对文件信息进行实际修改。如果希望非破坏性地旋转图像以便查看，可以使用"旋转工具"，常见的图像旋转种类包括顺时针和逆时针两种。

下面以旋转光盘文件中的"16.jpg"图像文件为例讲解不同角度旋转图像的效果。

知识点拨 **顺时针旋转的不同角度**
Knowledge

打开光盘中的"素材\第 6 章\16.jpg"图像。

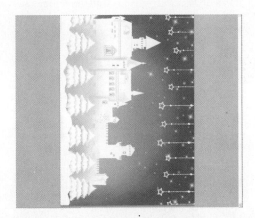

90 度顺时针旋转：选择"图像" | "图像旋转" | "90 度顺时针旋转"命令。

90 度逆时针旋转：选择"图像" | "图像旋转" | "90 度逆时针旋转"命令。

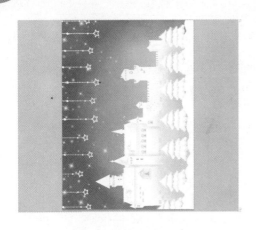

旋转 180 度：选择"图像"｜"图像旋转"｜"旋转 180 度"命令。

6.5.2　水平和垂直翻转

　　水平和垂直翻转图像是将所打开的图像在水平方向或者垂直方向上进行旋转，对图像效果不会产生影响，只是显示不同的角度和方向。

　　下面以旋转光盘文件中的"17.jpg"图像文件为例演示水平和垂直翻转图像的不同效果，没有进行任何操作的"17.jpg"图像如下图所示。

知识点拨 Knowledge　　水平和垂直翻转

水平翻转：选择"图像"｜"图像旋转"｜"水平翻转画布"命令。

垂直翻转：选择"图像"｜"图像旋转"｜"垂直翻转画布"命令。

6.5.3　任意角度旋转

任意角度旋转是通过设置将所打开的图像进行任意旋转，主要通过打开"旋转画布"对话框来对旋转角度进行设置。

　设置旋转后的图像（源文件\第 6 章\设置旋转后的图像.psd）

Step 01　打开光盘文件中的"18.psd"图像文件。

Step 02　选择"图像"｜"图像旋转"｜"任意角度"命令。

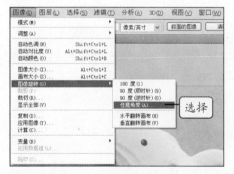

Step 03　打开"旋转画布"对话框，在对话框中将角度设置为"45"，单击 确定 按钮。

Step 04　将图像按照所设置的角度进行旋转。

图像旋转会影响到图像在窗口中的显示位置和效果，并且不能进行还原。

Step 05　选择"图像"｜"图像旋转"｜"任意角度"命令，打开"旋转画布"对话框，在对话框中将角度设置为"80"，点选"度（顺时针）"单选按钮，设置完成后单击 确定 按钮。

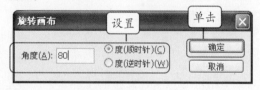

Step 06　将图像按照所设置的角度进行旋转。

6.6 职场特训

本章主要介绍了在 Photoshop 文档中图片的插入与编辑。形状的绘制与修饰，以及通过典型案例展现图片与形状的应用范围。学习完本章内容后，下面通过一个实例巩固本章知识。

特训 1：设置局部绘画效果（源文件\第 6 章\设置局部绘画效果.jpg）

1. 打开素材文件中的"设置局部绘画效果.jpg"图像文件。

2. 选择"历史记录艺术画笔工具"，在属性栏中选择合适的类型。

3. 使用"历史记录艺术画笔工具"在图像中单击，制作出绘画效果。

特训 2：修复人物皮肤（源文件\第 6 章\修复人物皮肤.jpg）

1. 打开素材文件中的"修复人物皮肤.jpg"图像文件。

2. 应用"修复画笔工具"在皮肤上取样。

3. 反复拖动鼠标，将取样的区域应用到要修复的图像上。

4. 制作完毕后，保存图像。

特训 3：去除图像中的文字（源文件\第 6 章\去除图像中的文字.jpg）

1. 打开素材文件中的"去除图像中的文字.jpg"图像文件。

2. 选择"污点修复画笔工具"，并在图像中拖动。将文字图像去除。

3. 制作完毕后，保存图像。

第 7 章

图层的使用

精彩案例

制作外发光效果

制作浮雕效果

为图像添加光泽

制作图案叠加效果

本章导读

　　图层在 Photoshop 中起着很重要的作用，正是有了图层，才可以对图像进行复制、合成、删除等操作。本章重点介绍如何熟练地运用图层制作出一些图像效果，如，如何通过一个或者多个图层组成图像，根据需要如何将几个图层链接或者合并成一个图层，如何增加或者删除图像中的任何一个图层，以及如何熟练地运用图层制作出一些特殊图像效果。

7.1 了解"图层"面板

　　Photoshop 中的图像是由一层或多层图层组成，图层功能允许使多张图片进行叠加放置并保存在一个文件中。通过对图像分层放置，能够有效地将多张图片混合在一起，隐藏或显示某个单独的图层。文本和图像可以在各自的图层上被添加、删除、移动和编辑而不会影响其他图层，甚至可以对图层进行"柔化边缘"或添加图层样式等操作。

　　选择"窗口"｜"图层"命令，打开"图层"面板，可以使用"图层"面板上的各种功能来完成一些图像编辑任务，如创建、隐藏、复制和删除图层等。下面分别介绍各项含义。

　　在"混合模式"下拉列表框中可以选择不同的图像混合模式。设置不透明度包括设置图层不透明度和填充图像的不透明度。对选择的某个图层不想运用相应的功能时，可以单击其中的图标将相应的项目锁定，主要包括锁定透明像素、锁定图像像素、锁定文字和全部锁定。

知识点拨 Knowledge　认识图层快捷按钮

链接图层图标 🔗：显示图层与其他图层的链接情况。

添加图层样式按钮 _fx_：单击此按钮可以为图层添加图层样式。

添加图层蒙版按钮 ▣：单击此按钮在被选定的图层上添加图层蒙版。

创建新的填充或调整图层按钮 ◑：创建新的填充图层或者调整图层。

创建新组按钮 ▭：单击此按钮可以新建图层组。

创建新图层按钮 ▣：单击此按钮可以创建新的图层。

删除图层按钮 🗑：选择要删除的图层，然后单击此按钮即可将该图层删除。

7.2 图层的基本操作

　　对图层可进行如下基本操作：选择图层、显示/隐藏图层、创建新图层、删除图层、重命名图层、复制图层和锁定图层。使用图层可以在不影响图像中其他图素的情况下处理某一图素，通过更改图层的顺序和属性，可以改变图像的合成。

7.2.1　选择图层

使用鼠标直接在"图层"面板中单击相应的图层，被选择的图层呈蓝色显示，也可以在图像窗口中右击，在弹出的菜单中选择相应的图层名称来选择图层。

新手演练　选择图层

Step 01　打开光盘文件中的"1.psd"图像文件，选择"移动工具" ，在图像窗口中右击，在弹出的菜单中选择"图层1"选项。

Step 02　从"图层"面板中可以查看被选择图层的相关信息。

7.2.2　显示/隐藏图层

显示/隐藏图层都可以通过"图层"面板中的眼睛图标 来完成，在隐藏的图层前面单击"眼睛图标" ，可以将隐藏的图层显示，图像窗口中也会显示该图层所包含的图像。如果在显示的图层前面单击眼睛图标 ，则可以将该图层隐藏，图像窗口中也不会显示该图层所包含的效果。

新手演练　**隐藏选择的图层**（源文件\第 7 章\隐藏选择的图层.psd）

Step 01　打开光盘文件中的"1.psd"图像文件。单击"图层1"前面的眼睛图标 。

对于隐藏后的图层，不能应用"移动工具"等对该图层进行编辑。

Step 02　执行上步操作后，可以将"图层1"隐藏。

7.2.3 创建新图层

在绘制一幅比较复杂、完整的图像时，一个图层是不能满足需求的，通常要创建新的图层，在绘制图像时不同的物体需要建立不同的图层，以便在绘制时大大提高效率。创建新图层主要是通过单击控制面板底部的"创建新图层"按钮 来完成。

 创建新的图层（源文件\第 7 章\创建新的图层.psd）

Step 01 打开光盘中的"1.psd"图像文件，选择要创建新图层的目标图层，这里选择"图层 1"。

Step 02 单击"图层"面板底部的"创建新图层"按钮 ，即可在"图层 1"的上方创建一个新的图层。

7.2.4 删除图层

删除图层是将在"图层"面板中的图层删除，并且删除后的图层不能恢复，其中所包含的图像也会一起被删除，删除后图像在图像窗口中不显示，从"图层"面板中直接将要删除图层拖到"删除"按钮 上即可。

 删除选择的图层

Step 01 选择要删除的图层，将其拖动到"图层"面板底部的"删除当前图层"按钮 上。

Step 02 执行上步操作后，即可将"图层 6"删除，在"图层"面板中将不可见，当前选择的图层为"图层 1"。

7.2.5　重命名图层

在制作复杂的图像时，因为图层较多，常容易混淆，这时需要为各个图层命名，以便在看到该图层的名字时，就可以了解该图层的图像内容，在对图像操作时也可以快速选择相应的图层。

 设置图层的名称（源文件\第 7 章\设置图层的名称.psd）

Step 01 双击"图层 1"的文本框。

Step 02 在文本框中输入新建图层的名称。

Step 03 单击图层名称的空白区域，可以在"图层"面板中查看新命名的图层名称。

"图层"面板中不会显示已经删除的图层，图像窗口中也不会显示该图层的内容。

7.2.6　复制图层

复制图层是指将图层拖动到"图层"面板底部的"创建图层"按钮 🔲 上进行复制，复制之后即可得到两个相同的图层，这两个图层中所包含的内容也相同。如果原图层已经应用了图层样式、图层混合模式等，那么复制的新图层也会具备这些属性。

 复制选择的图层（源文件\第 7 章\复制选择的图层.psd）

Step 01 打开"图层"面板，选择要复制的图层，将其拖动到"图层"面板底部的"创建新图层"按钮 🔲 上。

复制多个图层时，可以将图像效果增强，但对于"背景"图层中图像不会产生变化。

Step 02　释放鼠标后可以在"图层"面板中查看复制生成的图层。

Step 03　在图像窗口中会显示出复制图层后的效果，"图层 1"中图像效果被增强。

重复复制同一个图层，该图层中的图像效果会被增强，颜色效果更明显，并且对于复制的新图层也可以设置样式。

7.2.7　锁定图层

在制作图像的过程中，如果想要保护某个图层不受影响或者暂时不再进行编辑，可以将该图层锁定，选择所需要锁定的图层，单击"图层"面板中的锁定按钮 🔒 ，选择图层并将该图层锁定，被锁定后的图层右侧都有标记 🔒 ，此时不能再对该图层进行编辑，Photoshop CS4 中的背景图层，系统默认将其锁定，要对其进行编辑时需转换为普通图层。

新手演练　Novice exercises　查看锁定的图层

Step 01　打开光盘文件中的"2.jpg"图像文件。

Step 02　应用"移动工具" ▶ 在图像中进行拖动，将会弹出警示对话框，说明该图层被锁定不能进行操作。

7.3　设置图层样式

"图层样式"各式各样，通过对"图层样式"的设定可以绘制出不同的图像效果。在"图层样式"对话框的左侧可以看到图层样式的效果主要有："投影"、"内阴影"、"外发光"、"内发光"、"斜面和浮雕"、"光泽"、"颜色叠加"、"渐变叠加"、"图案叠加"和"描边"。在"图层样式"对话框中，勾选相应的复选框可应用当前设置。

7.3.1　外发光

"外发光"效果是在图像的周围添加光线效果，形成发散后的图像。在"图层样式"对话框中，勾选"外发光"复选框，在右侧的选项区中设置相关的参数，主要的设置选项包括"结构"、"图素"和"品质"，其中不同选项区中还有不同的细节设置，如外发光的范围、不透明度等。

新手演练 *Novice exercises*　　**制作外发光效果**（源文件\第 7 章\制作外发光效果.psd）

Step 01　打开光盘文件中的"3.psd"图像文件。

Step 02　打开"图层"面板，选择"图层 3"。

Step 03　双击"图层 3"，打开"图层样式"对话框，勾选左侧的"外发光"复选框，在右

侧的选项区中设置"外发光"参数，设置完成后单击 **确定** 按钮。

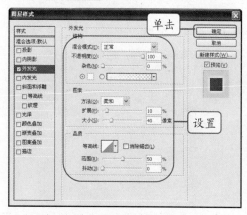

Step 04　为图层应用外发光效果。

7.3.2 内发光

"内发光"效果是通过设置在图像内部添加光线，从内部向外进行发散，"内发光"和"外发光"选项相似，只是发光的方向不同。

 制作内发光效果（源文件\第7章\制作内发光效果.psd）

Step 01 打开光盘文件中的 "4.psd" 图像文件。

Step 02 打开 "图层" 面板，选择 "图层 1"。

Step 03 双击 "图层 1"，打开 "图层样式" 对话框，勾选 "内发光" 复选框，为图像添加

内部光线，在右侧选项区中设置相应参数，设置完成后单击 确定 按钮。

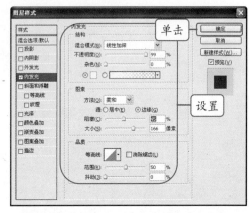

Step 04 为图像应用所设置的图层样式。

7.3.3 斜面和浮雕

"斜面和浮雕"效果是将图像制作成立体效果，通过光线的变换对图像进行编辑，在对话框中可以设置浮雕的类型、大小和方向等，这些参数直接控制斜面和浮雕大小及厚度。

 制作浮雕效果（源文件\第7章\制作浮雕效果.psd）

Step 01 打开光盘文件中的 "5.psd" 图像文件。

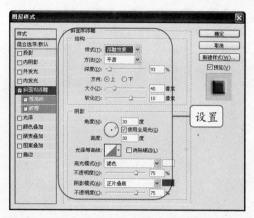

设置

Step 02 选择心形图像所在的图层，打开"图层样式"对话框，在对话框左侧勾选"斜面和浮雕"复选框，在右侧的选项区中设置相应参数。

Step 03 在上步所示的对话框中设置完成后单击　　确定　　按钮应用图层样式。

温馨提示牌
Warm and prompt licensing

置凸出效果时，要将被选择图层的不透明度设置为 "0%"。

7.3.4 投影

投影效果是模拟在光线照射到物体时形成的阴影，可以通过添加投影的方法使图像立体化，使图像从背景中突出显示。

新手演练
Novice exercises
制作投影效果（源文件\第7章\制作投影效果.psd）

Step 01 打开光盘文件中的 "6.psd" 图像文件。

Step 02 打开"图层"面板，选择"图层1"。

Step 03 选择"图层" | "图层样式" | "投影"命令。

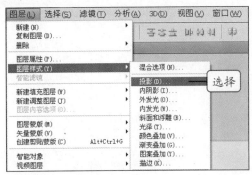

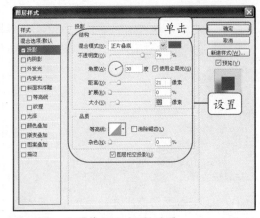

Step 04 打开"图层样式"对话框，在对话框左侧勾选"投影"复选框，在右侧选项区中设置投影的颜色和范围等参数，设置完成后单击 确定 按钮。

Step 05 为图像添加投影效果。

在"图层样式"对话框中要先勾选对话框左侧的复选框，然后在右侧的选项区中对图层进行编辑。

7.3.5　内阴影

　　"内阴影"效果是通过设置在图像内部添加阴影效果，在其选项中可以设置阴影的阻塞和大小等数值，并且通过添加颜色和原图像进行混合。

 制作内阴影效果（源文件\第 7 章\制作内阴影效果.psd）

Step 01 打开光盘文件中的"7.psd"图像文件。

Step 02 打开"图层"面板，选择"图层1"。

Step 03 双击"图层1"，打开"图层样式"对话框，在对话框左侧勾选"内阴影"复选

框，在右侧选项区中设置内阴影的颜色、距离和大小等，设置完成后单击 确定 按钮。

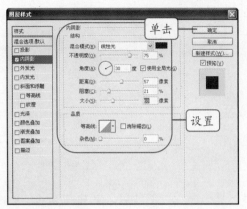

Step 04 应用内阴影效果后图像更立体。

7.3.6 光泽

　　"光泽"效果是通过设置为图像内部添加颜色，将所添加的颜色和原图像进行混合，得到有光泽效果的新图像。

 为图像添加光泽（源文件\第 7 章\为图像添加光泽.psd）

Step 01 打开光盘文件中的"8.psd"图像文件。

Step 02 打开"图层"面板，选择"图层 1"。

Step 03 双击"图层 1"，打开"图层样式"对话框，勾选左侧的"光泽"复选框，在右侧的选项区中设置相关的参数，设置完成后，单击 确定 按钮。

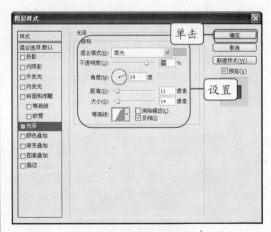

Step 04 为图像应用光泽效果。

温馨提示牌
Warm and prompt licensing

光泽图层样式和应用"图层混合模式"中的"正片叠底"效果类似。

7.3.7　颜色叠加

　　"颜色叠加"效果是通过设置在图像表面添加其他所设置的颜色，并将新颜色与原图像进行混合，通过叠加可以将亮的图像变暗，暗的图像变亮，对于文字图像也同样适用。下面通过实例介绍颜色叠加效果的作用和设置方法。

新手演练　Novice exercises　**制作颜色叠加效果**（源文件\第 7 章\制作颜色叠加效果.psd）

Step 01　打开光盘文件中的"9.psd"图像文件。

Step 02　打开"图层"面板，选择"意"图层。

Step 03　双击"意"图层，打开"图层样式"对话框，勾选"颜色叠加"复选框。

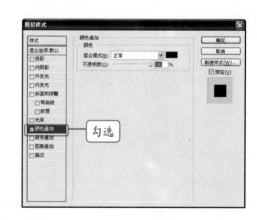

Step 04　在右侧选项区中设置相关参数，将混合模式设置为"明度"，颜色为"绿色"，设置完成后单击　确定　按钮。

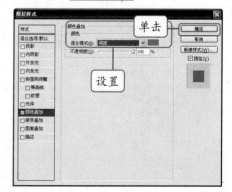

Step 05　为文字更换另外的颜色。

在对文字进行颜色叠加时，也可以同时应
用其他图层样式效果对文字进行设置。

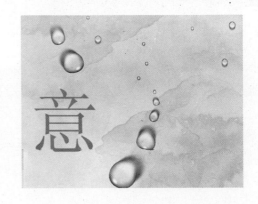

7.3.8　图案叠加

　　"图案叠加"的原理和"颜色叠加"相同，"图案叠加"是在所选择的图像上添加图案，并通过设置混合模式的方法和原图像进行混合。

新手演练　制作图案叠加效果（源文件\第 7 章\制作图案叠加效果.psd）

Step 01　打开光盘文件中的"10.jpg"图像文件。

Step 02　打开"图层"面板，将"背景"图层拖动到"创建新图层"按钮上进行复制。

Step 03　双击"背景副本"图层，打开"图层样式"对话框，在对话框中勾选"图案叠加"

复选框，在右侧的选项区中设置所需的图案和混合模式，设置完成后单击　确定　按钮。

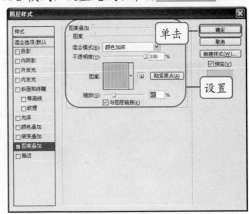

Step 04　为图像添加图案效果。

7.3.9 渐变叠加

　　"渐变叠加"和"图案叠加"类似，唯一不同的是"渐变叠加"是在图像表面添加上渐变颜色，制作成渐变效果，其设置方法是通过打开"图层样式"对话框，勾选"渐变叠加"复选框，然后在选项区中设置渐变的颜色和角度等参数。

新手演练　设置渐变叠加效果（源文件\第7章\设置渐变叠加效果.docx）

Step 01　打开光盘文件中的"11.psd"图像文件。

Step 02　打开"图层"面板，选择"图层1"。

Step 03　选择"图层"｜"图层样式"｜"渐变叠加"命令。

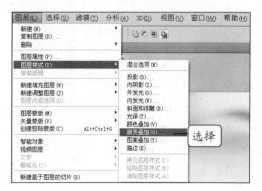

Step 04　打开"图层样式"对话框，勾选"渐变叠加"复选框，设置渐变叠加的相关参数，设置混合模式为"颜色加深"，并设置渐变颜色和角度，设置完成后单击　确定　按钮。

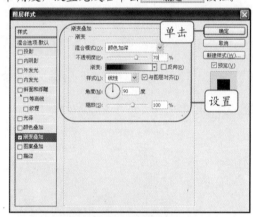

Step 05　为图像添加图层样式效果。

　　为图像添加"渐变叠加"效果时，也可以通过创建新图层填充渐变颜色，然后设置混合模式来完成。

7.3.10　描边

描边图层样式和应用描边命令所制作的效果相同，在"图层样式"对话框中可以设置描边的宽度、位置和颜色等，和"描边"对话框中的设置参数相同，可获得相同的效果。

 制作描边文字效果（源文件\第 7 章\制作描边文字效果.psd）

Step 01 打开光盘文件中的"12.psd"图像文件。

Step 02 打开"图层"面板，选择"2009"图层。

Step 03 选择"图层"｜"图层样式"｜"描边"命令。

Step 04 打开"图层样式"对话框，勾选"描边"对话框，在"描边"的选项区中设置描边的位置、不透明度和大小等，设置完成后单击 确定 按钮。

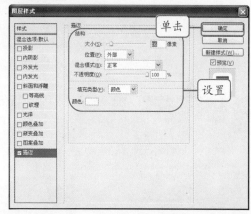

Step 05 此时即可为文字添加边缘。

对于图像图层也可以应用和文字图层相同的设置方法，为图像添加边框图像。

7.4 图层的基本设置

图层的基本设置包括图层不透明度、填充不透明度和图层混合模式，这 3 种设置都可以在"图层"面板中进行，并且这些设置都会影响图像在窗口中的显示效果。

7.4.1 图层不透明度

图层的不透明度确定它遮蔽或显示其下方图层的程度，不透明度为 1%的图层看起来几乎是透明的，而不透明度为 100%的图层则完全不透明。"背景"图层或锁定图层的不透明度是无法更改的。但可以将"背景"图层转换成可以支持透明度的常规图层，然后进行设置。

 设置图层透明度（源文件\第 7 章\设置图层透明度.psd）

Step 01　打开光盘文件中的"13.psd"图像文件。

Step 02　打开"图层"面板，选择"文字"图层。

Step 03　设置图层的不透明度为"70%"。

Step 04　设置不透明度后可以查看背景图像效果。

7.4.2 填充不透明度

除了通过设置不透明度来影响应用于图层的任何图层样式和混合模式外，还可以为图层指定填充不透明度。填充不透明度影响图层中绘制的像素或图层上绘制的形状，但不影响已应用于图层的任何图层效果的不透明度。

　　例如，如果图层包含使用投影图层效果绘制的形状或文本，则可调整填充不透明度，以便在不更改阴影的不透明度的情况下，更改形状或文本自身的不透明度。

新手演练 Novice exercises　　**设置填充透明度**（源文件\第 7 章\设置填充透明度.psd）

Step 01 打开"图层"面板，设置"文字"图层的填充不透明度为"28%"。

Step 02 在图像窗口中可以查看设置填充不透明度后的效果。

7.4.3　图层混合模式

　　"图层混合模式"是指一个图层与其下面图层的色彩叠加方式，在这之前所使用的是"正常模式"，此外，还有很多种混合模式，它们都可以产生不同的合成效果。但完全理解"混合模式"对初学者来说是非常困难的，即使是很有经验的人，往往也只是感性认识而不知其原理，可见"图层混合模式"的原理是比较复杂的。在 Photoshop 中更改"混合模式"的方法是选择相应的图层后，在"图层"面板左上位置的下拉列表中选择。

新手演练 Novice exercises　　**更改图层混合模式**（源文件\第 7 章\更改图层混合模式.psd）

Step 01 打开"图层"面板，选择要编辑的图层。

Step 02 将"草地"图层的混合模式设置为"变亮"。

Step 03 在图像窗口中可以查看设置图层混合模式后的效果。草地图像被背景天空图像遮盖。

温馨提示牌
Warm and prompt licensing

在设置图层混合模式时，可以按↓键快速选择不同的混合模式，在图像窗口中选择最合适的图像效果。

7.5　图层的链接与合并

在 Photoshop 中可以链接两个或更多个图层或组。与同时选择的多个图层不同，链接的图层将保持关联，直至取消它们的链接为止。还可以对链接的图层进行编辑，如改变图像的对齐方式。

合并图层的方式有多种，如合并所有图层、向下合并图层、合并可见图层，还可以自由选择所要合并的图层，在后面会分别对各种合并图层的方法进行介绍。

7.5.1　链接图层

链接就是把两个或多个图层链接，即把其他图层眼睛后的方块内点出锁链的标志，图层就链接了。链接图层的好处是移动一个图层另一个图层会跟着移动。

新手演练　　**链接多个图层**（源文件\第 7 章\链接多个图层.psd）
Novice exercises

Step 01　打开光盘文件中的 "**14.psd**" 图像文件，选择 "文字" 图层。

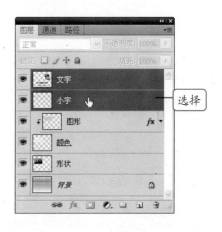

Step 02　按住 Shift 键的同时选择另外的图层，将多个图层选择。

Step 03　单击 "图层" 面板底部的 "链接图层" 按钮。

图层进行链接。

Step 04 执行上步操作后，可以将所选择的

7.5.2 拼合图像

拼合图像时，可以将所有可见的图层都合并到背景中，这大大降低了文件的大小。拼合图像时将扔掉全部隐藏的图层，并用白色填充剩下的透明区域。大多数情况下，直到编辑完各图层后才需要拼合图像。

 拼合图像（源文件\第 7 章\拼合图像.psd）

Step 01 打开图像文件，选择"文字"图层。

Step 02 单击"图层"面板右上方的 ▾☰ 按钮，在弹出的图层菜单中选择"拼合图像"命令。

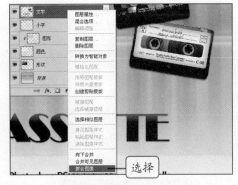

Step 03 执行上步的操作后，可以将所有的图层合并为一个图层，并且不会影响图像效果。

温馨提示牌
Warm and prompt licensing

拼合图像后所有的图层都合并为一个图层，拼合后图像的名称为"背景"。

7.5.3 向下合并图层

　　向下合并图层是指将当前选择的图层，与之其下的一层图层进行合并。合并的图层都必须处于显示状态。向下合并以后的图层名称和颜色标记沿用合并前位于下方图层的。

 向下合并图层（源文件\第 7 章\向下合并图层.psd）

Step 01 打开"图层"面板，选择所要合并的图层。

Step 02 按 **Ctrl+E** 组合键将"文字"图层向下进行合并，新的图层以"小字"图层重新命名。

7.5.4 合并可见图层

　　合并可见图层是指将"图层"面板中显示的图层进行合并，应用这种方法不会影响图像效果，但是对于隐藏的图层不起作用。

 合并可见图层（源文件\第 7 章\合并可见图层.psd）

Step 01 打开"图层"面板，选择"文字"图层。

Step 02 选择"图层"｜"合并可见图层"命令。

Step 03 执行上步操作后，可以将所有显示的图层合并为一个图层。

合并后图层的名称将以最上方图层的名称
进行命名。

7.6 图层组

使用 Photoshop 绘制图像的过程中，有时用到的图层数较多，尤其是在设计网页时，超过 100 层也是常见的，这会导致难以选择图层，即使关闭缩览图，"图层"面板也会拉得很长，使得查找图层很不方便。为了解决这个问题，Photoshop 提供了图层组功能，将图层归组后可提高"图层"面板的使用率。图层组可以组织和管理图层，还可以使用图层组来按逻辑顺序排列图层，并避免"图层"面板中的杂乱情况。同时还可以将组嵌套在其他组内，也可以使用组将属性和蒙版同时应用到多个图层。

7.6.1 图层组的基本操作

图层组的基本操作和图层的基本操作方法类似，主要包括创建新图层组、复制图层组、将图层拖入到图层组中以及删除图层组等。

 创建新的图层组（源文件\第 7 章\创建新的图层组.psd）

Step 01 打开光盘文件中的"15.psd"图像文件，选择"墨"图层。

Step 02 单击"图层"面板底部的"创建新

组"按钮 。

Step 03 在选择图层的上方创建新的图层组，创建的图层组以默认的名称进行显示。

温馨提示牌

新建的图层组自动位于当前选择图层的上方。

7.6.2　将图层拖入图层组

将图层添加到图层组的方法很简单，只要选择所要编辑的图层，将其拖动到所创建的新的组中即可完成添加。将图层拖出图层组和添加到图层组的方法相反，选择要拖出图层组的图层，将该图层向外拖动即可。

将现有的图层拖入到图层组中。这种方式虽简单明了，但如果需拖入的图层数量众多就显得麻烦。所以在移入图层时应注意图层的顺序，否则会影响图像效果。

　将图层拖入图层组（源文件\第 7 章\设置图层组.psd）

Step 01　打开"图层"面板，选择需要拖入的图层。

Step 02　将图层向创建的图层组中进行拖动。

Step 03　释放鼠标后，从"图层"面板中可以看到图层已经被拖入到图层组中。

Step 04　应用同样的方法，将另外的文字图层也拖入到图层组中。

Step 05　为了便于管理，可将"图层"面板中另外的文字图层也拖入到创建的图层组中。

图层组被隐藏时，图层组中所包括的图像也将被隐藏。

7.7　职场特训

本章主要介绍图层的使用方法，主要包括图层菜单的基本操作、图层面板的应用、图层混合模式以及图层样式的设置，图层的相关知识是 Photoshop CS4 中的重要知识，要熟练掌握。学完本章内容后，下面通过实例巩固本章知识。

特训 1：制作浮雕文字效果（源文件\第 7 章\制作浮雕文字效果.psd）

1.　打开素材文件中的"浮雕文字.psd"图像文件。

2.　选择文字图层。

3.　双击文字图层，打开"图层样式"对话框，勾选"斜面和浮雕"复选框，并设置浮雕颜色。

4.　制作完毕后，保存文档。

特训 2：设置图层之间的混合模式（源文件\第 7 章\设置图层之间的混合模式.psd）

1.　打开素材文件中的"设置图层之间的混合模式.psd"图像文件。

2.　选择"图层 1"。

3.　将"图层 1"的混合模式设置为"柔光"。

4.　制作完毕后，保存图像。

特训 **3**：**制作图案叠加效果**（源文件\第 7 章\图案叠加效果.psd）

1. 打开素材文件中的"制作图案叠加效果.jpg"图像文件。

2. 复制并选择复制后的"背景副本"图层。

3. 双击复制的图层，打开"图层样式"对话框，勾选"图案叠加"复选框，并设置浮雕颜色。

4. 制作完毕后，保存图像。

特训 **4**：**制作渐变叠加效果**（源文件\第 7 章\渐变叠加效果.psd）

1. 打开素材文件中的"制作渐变叠加效果.jpg"图像文件。

2. 复制"背景"图层。

3. 选择复制的图层，打开"图层样式"对话框，在对话框中勾选"渐变叠加"复选框，然后在右侧的选项区中设置相应的参数。

4. 制作完毕后，保存图像。

第8章

路径的创建与编辑

精彩案例

绘制矩形图形

添加星形图形

调整路径中的锚点

填充绘制的路径

本章导读

　　"形状工具"在 Photoshop 中是一个相当重要的工具，熟练地运用它就可以绘制出我们想要的路径图形，由此可以看出在绘制图形时使用"形状工具"是相当方便的。本章主要介绍应用所提供的路径工具绘制图形，以及对绘制的图像进行编辑和调整。

8.1 创建路径工具

路径是指由贝赛尔曲线段构成的线条或图形，可以是一个点、一条线段或者多条贝赛尔线段，在屏幕上表现为一些不可打印、不活动的矢量形状。路径的基础是"贝塞尔曲线"，任意形状的一段曲线都可以使用 4 个点来控制，在这 4 个点中，有两个点为曲线的端点控制点，称为"锚点"，而另外两个点则浮动在曲线的周围，称为"方向点"。"锚点"和"方向点"间通过"方向线"相连，由"锚点"、"方向点"和"方向线"构成的曲线即称为"贝塞尔曲线"。

路径是可以转换为选区或者使用颜色填充和描边的轮廓，常见的绘制路径的工具有钢笔工具、矩形工具、圆角矩形工具、椭圆工具、多边形工具、直线工具和自定形状工具，下面对这些工具的使用方法进行介绍。

8.1.1 钢笔工具

"钢笔工具"可以创建直线和平滑流畅的曲线，可以综合使用"钢笔工具"和"形状工具"创建复杂的形状。用"钢笔工具"在图像上单击，即可绘出直线。绘制节点时，按下鼠标后不要松开，直接向曲线延伸的方向拖动鼠标，笔尖会导出两个方向线，方向线的斜率和长度决定曲线段的形状。

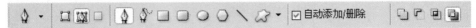

1. 绘图工具模式

在 Photoshop 中开始绘图前，必须从属性栏中选择适当的绘图模式。

知识点拨 认识绘图模式的设置

形状 ：形状是使用"形状工具"或"钢笔工具"绘制的直线和曲线。矢量形状与分辨率无关，因此，它们在调整大小、打印到 PostScript 打印机、存储为 PDF 文件或导入到基于矢量的图形应用程序时，会保持清晰的边缘。也可以创建自定形状库和编辑形状的轮廓（称做路径）及属性（如描边、填充颜色和样式）。

路径 ：可以转换为选区或者使用颜色填充和描边的轮廓。形状的轮廓是路径。通过编辑路径的锚点，可以方便地改变路径的形状。

填充 ：出现在"路径"面板中的临时路径中，用于定义形状的轮廓。

2. 路径运算按钮

路径运算包括 4 种，分别是"加到路径区域"、"路径区域减去"、"叉路径区域"和"叠路径区域除外"。

路径运算按钮指的是在绘制的路径中，通过设置属性栏中的按钮来对已经绘制的路径进行编辑，以添加到路径区域为例，首先应用"钢笔工具"在图像中绘制出星形形状，然后单击属性栏中"添加到路径区域"按钮 ，可以继续应用"钢笔工具"绘制出另外的图形。

绘制多个图形

3. 样式

样式的主要作用是将所绘制的图形应用已经设置的图形样式，制作成立体效果，并且通过"样式"面板可以对样式进行重新编辑，如创建新样式，或者删除不需要的样式，具体操作方法为应用"形状工具"在图像中拖动，绘制出所需的形状，然后打开"样式"面板，单击所需的样式类型，即可将所绘制的形状应用上述选择的样式。单击其他样式，可以对图像效果进行重新设置。

绘制图形

应用样式

4. 颜色

创建新的形状图层后，可以通过打开"拾取实色"对话框来对图形的颜色进行重新设置，设置后的颜色会在图形形状中显示出来。

单击

效果

绘制图形轮廓（源文件\第 8 章\绘制图形轮廓.psd）

Step 01 打开光盘文件中的 "3.jpg" 图像文件。

Step 02 单击工具箱中的 "钢笔工具" 按钮 ，单击属性栏中的 "路径" 按钮 ，使用该工具在图像中拖动绘制路径。

绘制

Step 03 继续应用 "钢笔工具" 沿着图像边缘进行拖动。

Step 04 沿图像边缘拖动鼠标，直至回到路径的起始点，单击鼠标形成一个闭合的路径。

Step 05 选择绘制的路径，应用 "钢笔工具" 在路径线段中单击，为路径添加锚点，方便进行编辑。

添加

Step 06 按住 Ctrl 键的同时，单击添加的锚点，并对锚点进行拖动，调整为平滑的路径，重复应用该方法，直至绘制出图形的轮廓。

8.1.2　矩形工具

　　"矩形工具"主要用于绘制矩形，包括绘制不规则的矩形、正方形。其绘制方法为单击工具箱中的"矩形工具"按钮 ▭，然后在图像中拖动即可绘制，也可以在选择"钢笔工具"时单击属性栏中的 ▭ 按钮切换到"矩形工具"。

新手演练 *Novice exercises*　**绘制矩形图形**（源文件\第 8 章\绘制矩形图形.psd）

Step 01　打开光盘文件中的"4.jpg"图像文件。

Step 02　单击工具箱中的"矩形工具"按钮 ▭，使用该工具在图像中拖动绘制一个长方形。

绘制

Step 03　按 **Ctrl+Enter** 组合键将绘制的图像转换为选区，并按 **Ctrl+J** 组合键将选区创建为一个新的图层。

新图层

Step 04　双击"图层 1"，打开"图层样式"对话框，勾选左侧的"描边"复选框，在右侧的选项区中设置描边选项。

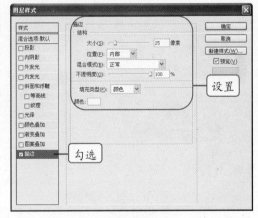

设置

勾选

温馨提示牌 *Warm and prompt licensing*

对于用"矩形工具"绘制的图形，将其转换为选区后，可以作为选区直接进行操作。

Step 05 单击 确定 按钮将 "图层 1" 应用
图层样式。

温馨提示牌 Warm and prompt licensing

使用 "圆角矩形工具" 可以绘制带圆角的
矩形图像，"圆角矩形工具" 对应的属性栏
与 "矩形工具" 相似，只是增加了一个 "半
径" 文本框，用于设置圆角矩形的圆角半
径大小，值越大，圆角的弧度也越大。

8.1.3　椭圆工具

使用 "椭圆工具" 可以绘制椭圆图形，按住 Shirt 键的同时应用 "椭圆工具" 进行拖动
可以绘制圆形。对于绘制的图形可以应用 "路径选择工具" 对椭圆形路径进行重新编辑，
转换为选区后，可以将选区填充为纯色或渐变色。

新手演练 Novice exercises　　**绘制椭圆图形**（源文件\第 8 章\绘制椭圆图形.psd）

Step 01 打开光盘文件中的 "**5.jpg**" 图像
文件。

Step 02 单击工具箱中的 "椭圆工具" 按钮
，按住 Shirt 键的同时，应用选择的工具
连续在图像中拖动，绘制出多个大小不一的
圆形路径。

温馨提示牌 Warm and prompt licensing

按 Shift+U 组合键可在形状工具组内的 6
个形状工具之间切换。

Step 03 打开 "图层" 面板，单击底部的 "创
建新图层" 按钮 ，建立一个新图层。

Step 04　按 **Ctrl+Enter** 组合键，将椭圆转换为选区后，填充为白色，完成图像的绘制。

温馨提示牌
Warm and prompt licensing

路径绘制完成后，可以单击"路径"面板底部的"将路径作为选区载入"按钮 ，将路径快速转换为选区。

8.1.4　多边形工具

"多边形工具"的主要作用是绘制多变几何图形，而且还可以绘制星形图形。在属性栏中设置多边形的相关选项后，即可进行绘制。应用"多边形工具"绘制图形时一定要在属性栏中输入多边形的边数，然后才能应用"多边形工具"进行绘制。

新手演练　**添加星形图形**（源文件\第 8 章\添加星形图形.psd）

Step 01　打开光盘文件中的"6.jpg"图像文件。

Step 02　选择"多边形工具" ，在属性栏中设置边数为"4"，应用选择的工具在图像中拖动绘制星形图形。

绘制

Step 03　连续应用"多边形工具"在图像中拖动绘制多个星形图形。

绘制

Step 04　将所有的星形转换为选区后填充为"白色"。

填充

8.1.5 直线工具

"直线工具"的主要作用就是绘制直线图形，可以通过在属性栏中对宽度的设置，来获得宽度不一的直线图形。

　绘制直线图形（源文件\第 8 章\绘制直线图形.psd）

Step 01 打开光盘文件中的 "7.jpg" 图像文件。

Step 02 选择"直线工具" ，在属性栏中设置不同的宽度，应用选择的工具在图像中拖动绘制粗细不一的线条。

Step 03 打开"图层"面板，创建一个新图层，将绘制的直线图形转换为选区后填充为"白色"。

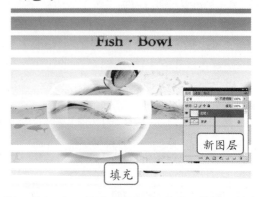

Step 04 在"图层"面板中设置"图层 1"的混合模式为"柔光"。

8.1.6 自定形状工具

"自定形状工具"中提供有多种形状奇特的图形，可以通过打开"自定形状"拾色器来选择这些形状，然后应用所选择的图形直接在图像中单击，即可绘制出选择的形状。

　添加装饰图形（源文件\第 8 章\添加装饰图形.psd）

Step 01 打开光盘文件中的 "8.jpg" 图像文件。

Step 02 选择"自定形状工具" ，打开"自定形状"拾色器，选择需要的图形。

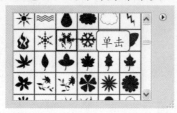

Step 03 应用选择的图形连续在图像中单击，为图像添加雪花形状。

绘制

Step 04 打开"图层"面板，单击底部的"创建新图层"按钮 ，创建一个新的图层。

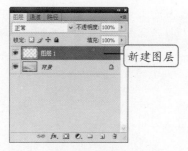

新建图层

Step 05 将绘制的雪花图形转换为选区后，填充为"白色"。

Z 职场经验谈
Workplace Experience

对于自定义的形状，也可以通过"自定形状"拾色器对其进行选择。

8.2　修饰路径工具

修饰路径是对路径进行重新编辑的操作，主要包括对路径线段和锚点的编辑，其中的常见工具有 5 种，分别为"路径选择工具"、"直接选择工具"、"添加锚点工具"、"删除锚点工具"和"转换点工具"。

8.2.1　路径选择工具

"路径选择工具"可以对路径进行移动、组合、对齐、分布和变形。选择"路径选择工具"，单击要选择的路径，就可以将该路径选择。按住 Shift 键的同时选择路径，可以同时选择多个路径。按住鼠标，在图像上拖动绘制一个矩形虚线框，也可以将该矩形框内的路径全部选择。

移动绘制的路径

Step 01 打开光盘文件中的"9.jpg"图像文件，打开"图层"面板，选择工作路径。

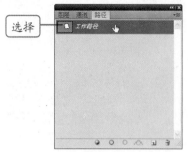

选择 ← 工作路径

Step 02 在图像窗口中将会显示出创建的工作路径。

Step 03 使用"路径选择工具" 选择绘制的路径，并进行拖动，从而调整路径的位置，直到移动到合适的位置。

移动

温馨提示牌 Warm and prompt licensing

"路径选择工具"也可以选择单独所绘制的线段，并且通过选择单个的线段对其进行描边等操作。

8.2.2 直接选择工具

"直接选择工具"用来调整路径中的锚点和线段，也可以调整"方向线"和"方向点"。使用"直接选择工具"时，用它单击路径上要调整的锚点，即可用鼠标对其锚点位置和方向进行调整。

 编辑路径位置（源文件\第8章\编辑路径位置.psd）

Step 01 打开素材文件中的"9.jpg"图像文件，并显示出创建的路径。

Step 02 应用"直接选择工具" 选择其中一个锚点，并拖动锚点改变其位置。

拖动

Step 03　应用"直接选择工具"框选图像中所有的锚点和线段。

Step 04　移动选择的路径，可以重新设置路径的位置。

8.2.3　添加锚点工具

　　添加锚点是在路径中添加新的锚点，可以通过工具箱中的"添加锚点工具"来完成，应用该工具在绘制的路径中单击即可为路径添加锚点。对于添加的锚点可以通过拖动和调整来设置锚点周围的路径形状。

 添加路径中的锚点（源文件\第 8 章\添加路径中的锚点.psd）

Step 01　打开素材文件中的"9.jpg"图像文件，并显示出创建的路径。

Step 02　单击工具箱中的"添加锚点工具"按钮 ，使用该工具在路径线段中间单击。

Step 03　执行上步操作后即可为路径添加锚点，添加的锚点具有该线段的特性，如自带有控制线。

Step 04　应用相同的方法，在其余的路径线段上添加锚点。

8.2.4　删除锚点工具

"删除锚点工具"的主要作用和"添加锚点工具"相反，删除锚点会增强路径之间的联系，获得更平滑的路径。

新手演练　删除添加的锚点（源文件\第 8 章\删除添加的锚点.psd）

Step 01　打开光盘文件中的"**10.jpg**"图像文件，打开"路径"面板，选择工作路径，使路径在图像中显示出来。

Step 02　单击工具箱中的"删除锚点工具"按钮 ，使用该工具在锚点上单击。

Step 03　执行上步操作后即可删除锚点。

Step 04　重复使用删除锚点的方法，可以将图像路径中的锚点都删除，路径也不可见。

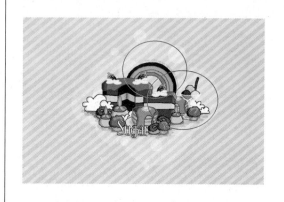

8.2.5　转换点工具

"转换点工具"的主要作用是将直线的路径转换为平滑的路径，应用"转换点工具"在所选择的锚点上拖动，为所选择的锚点添加控制线，应用此方法来调整路径形状。

新手演练　调整路径锚点（源文件\第 8 章\调整路径锚点.psd）

Step 01　打开光盘文件中的"**10.jpg**"图像文件，打开"路径"面板，选择工作路径，使路

径在图像中显示出来。

Step 02　单击工具箱中的"转换点工具"按
钮 ，使用该工具选择其中的锚点，再拖动
变换路径的方向和形状。

Step 03　"转换点工具"主要是对锚点进行
编辑，可以为锚点添加上控制线，并转换为平
滑的形状。

温馨提示牌
Warm and prompt licensing

"转换点工具"可以对单独的锚点进行编
辑，为锚点添加控制线。

8.3　"路径"面板的基本操作

　　"路径"面板中列出了每条存储的路径、当前工作路径和当前矢量蒙版的名称和缩览
图像。关闭缩览图可提高性能。要查看路径，必须先在"路径"面板中选择路径名。

8.3.1　认识"路径"面板

　　选择"窗口"｜"路径"命令，打开"路径"面板，该面板是对路径进行操作的大集
合，其中包括常见的路径操作，如创建新路径，用画笔对路径进行描边等。

1. 路径菜单

单击"路径"面板右侧的三角形按钮 ，弹出与路径相关的菜单，其中包括常见的对路径的相关操作命令，主要有存储路径、复制路径、删除路径、建立工作路径、建立选区、填充路径、描边路径等。

在菜单中选择"描边路径"命令，可以打开"路径面板选项"对话框，在对话框中可以设置路径缩略图的大小，其中包括 3 种选项，单击相应的单选按钮后，单击 确定 按钮即可。

2. 工作路径

工作路径中显示的是所创建的路径形状，如果呈蓝色显示，表示当前所编辑的形状就是工作路径。双击工作路径会打开"存储路径"对话框，可以在对话框中设置存储路径的名称，设置完成后单击 确定 按钮，将工作路径进行存储。

3. 路径操作按钮

路径操作按钮中主要包括对路径的基础操作，共有 6 种按钮，其作用如下所示。

知识点拨 Knowledge　认识路径操作按钮

"用前景色填充路径"按钮 ：单击此按钮可以应用当前所设置的前景色来对所绘制的路径进行填充。

"用画笔描边路径"按钮 ：单击此按钮可以应用当前所设置的画笔对绘制的路径进行描边，并且描边的颜色为前景色。

"将路径作为选区载入"按钮 ：单击此按钮可将所绘制的路径转换为选区。

"从选区生成工作路径"按钮 ：单击此按钮可以将创建的选区生成为工作路径。

"创建新路径"按钮 ：单击此按钮可以在路径控制面板中创建新的路径。

"删除当前路径"按钮 ：单击此按钮可以将所选择的路径删除。

8.3.2 存储工作路径

存储工作路径可以防止丢失路径信息，重新绘制新的路径时，不会被新的路径图形所替换，路径会与图像一直存在。

存储工作路径（源文件\第 8 章\存储绘制的路径.psd）

Step 01 打开光盘文件中的"**11.jpg**"图像文件。

Step 02 打开"路径"面板，双击工作路径。

Step 03 打开"存储路径"对话框，并设置所要存储路径的名称，这里输入"蝴蝶"，单

击 确定 按钮。

Step 04 执行上步操作后，即可将工作路径进行存储。

温馨提示牌

按住 **Alt** 键的同时单击"路径"面板底部的"新建路径"按钮，可在打开的"新建路径"对话框中的"名称"文本框中输入路径的名称，然后再进行编辑。

8.3.3 路径与选区的转换

路径与选区的转换主要包括两个方面：一方面是转换路径为选区，就是将应用路径工具绘制的图形转换为选区；另一方面是将选区转换为路径，指的是应用创建选区的工具，将选区生成为工作路径。

1. 转换路径为选区

转换路径为选区的主要操作方法为应用"路径"面板对路径进行操作，通过设置将其转换为选区。

新手演练 Novice exercises　**将路径转换为选区并填充**（源文件\第8章\将路径转换为选区并填充.psd）

Step 01　打开光盘文件中的"12.jpg"图像文件。

Step 02　选择工具箱中的"直线工具" ，应用该工具在图像两侧进行拖动，绘制直线图形。

Step 03　打开"路径"面板，单击底部的"将路径作为选区载入"按钮 。

Step 04　执行上步操作后，即可将绘制的路

径转换为选区。

Step 05　打开"图层"面板，新建一个图层，在图层中填充转换后的选区。

Step 06　对于另外两边的线条，也用同样的方法进行绘制并填充颜色。

2. 将选区转换为路径

将选区转换为路径的主要操作为使用创建选区的工具，在图像中拖动或单击，选择部分图像，打开"路径"面板，通过快捷按钮将选区存储为路径。

新手演练 Novice exercises **将选区存储为路径**（源文件\第 8 章\将选区存储为路径.psd）

Step 01 打开光盘文件中的 "13.jpg" 图像文件，应用"魔棒工具" 在图像窗口中人物的帽子处单击，选择图像中的帽子。

Step 02 打开"路径"面板，单击底部的"将选区存储为工作路径"按钮 。

Step 03 执行上步操作后，在"路径"面板中生成了工作路径。

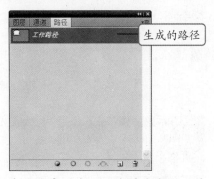

Step 04 在图像窗口中可以查看生成的工作路径效果。

在"路径"面板中单击空白区域可以取消在窗口中显示的路径。

8.3.4 路径的填充与描边

前面已经介绍了各种形状工具，以及如何使用这些形状工具绘制出各种各样的图形，本节将着重介绍路径的描边和填充方法，以及其中的设置方法和过程。

1. 路径的填充

　　路径的填充是将所绘制的路径填充上颜色或者图案，可以通过"路径"面板或者"填充路径"对话框来进行填充，"填充路径"命令可用于使用指定的颜色、图像状态、图案或填充图层来填充包含像素的路径。

　　当填充路径时，颜色值会出现在当前图层中。填充路径前，填充颜色的图层一定要处于当前状态。当图层蒙版或文本图层处于使用状态时无法填充路径。

新手演练　**填充绘制的路径**（源文件\第 8 章\填充绘制的路径.psd）

Step 01　打开光盘文件中的 "14.jpg" 图像文件。

Step 02　单击工具箱中的"自定形状工具"按钮 ，在属性栏中打开"自定形状"拾色器，单击所需的形状。

Step 03　应用所选择的工具在图像中拖动，绘制出选择的图形。

职场经验谈　*Workplace Experience*

　　为路径填充图案需要通过"填充路径"对话框来进行设置，也可以转换为选区后应用"油漆桶工具"进行填充。

Step 04　在"路径"面板中将路径转换为选区。

Step 05　将转换后的选区填充为"蓝色"。

2. 路径的描边

路径的描边是指使用一种图像绘制工具或修饰工具沿着路径绘制图像或修饰图像。

 新手演练 **制作描边图像**（源文件\第 8 章\制作描边图像.psd）

Step 01 打开光盘文件中的 "15.jpg" 图像文件。

Step 02 选择 "钢笔工具" ，使用该工具在图像中拖动，沿着花朵绘制图像的轮廓形状。

Step 03 选择 "画笔工具" ，单击属性栏中的 "切换画笔面板" 按钮 ，打开 "画笔" 面板，在左侧勾选 "画笔笔尖形状" 复选框，然后设置画笔的直径和间距。

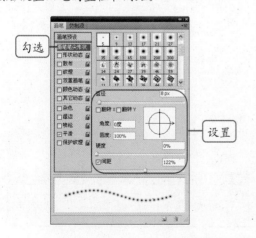

Step 04 设置完成后单击 "路径" 面板底部的 "用画笔描边路径" 按钮 。

Step 05 执行上步操作后即可对路径进行描边。

Step 06 单击 "路径" 面板的空白区域，显示出描边后的图像，不显示路径形状。

8.4　自定义形状的应用

自定义形状的应用主要从创建自定形状开始，应用形状工具在图像中绘制出所要定义的形状，然后通过打开快捷菜单来进行设置，并且对于自定义的形状，可以将其存储到"自定形状"拾色器中，重复使用和编辑。

8.4.1　创建新形状

创建新形状主要应用形状工具进行绘制，在图像中绘制出较为复杂的路径形状，通过打开"形状名称"对话框来对图像进行设置。

新手演练 Novice exercises　**创建新形状**（源文件\第 8 章\创建新形状.psd）

Step 01　打开光盘文件中的"16.jpg"图像文件。

Step 02　打开"自定形状"拾色器，选择需要的形状。

Step 03　使用所选择的图形在图像中拖动，连续绘制大小不一的花朵图像。

温馨提示牌 Warm and prompt licensing

自定义形状后，将在"自定形状"拾色器中显示出该形状，就可以像系统自带的图像一样使用了。

Step 04　选择所有绘制的形状，在其上右击，在弹出的快捷菜单中选择"定义自定形状"命令。

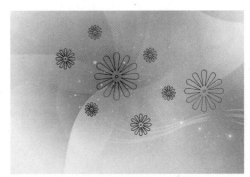

Step 05　打开"形状名称"对话框，在对话框中设置定义形状的名称，单击 确定 按钮。

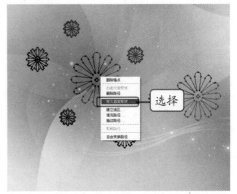

8.4.2　应用定义的形状

对于定义的形状可以将其作为系统自带的形状进行使用，从"自定形状"拾色器中选择所自定的形状，然后在图像中拖动，绘制出该形状。也可以调整图形大小和位置，并且将绘制的图形转换为选区后，填充上颜色。

新手演练　应用定义形状绘制图形（源文件\第 8 章\应用定义形状绘制图形.psd）

Step 01　打开光盘文件中的"17.jpg"图像文件。

Step 02　选择"自定形状工具"　，打开"自定形状"拾色器，选择需要的图形形状，这里选择前面定义的图形。

Step 03　使用选择的"自定形状工具"在图像中拖动绘制。

Step 04　打开"路径"面板，将上步所绘制的路径都转换为选区，创建一个新的图层，将选区填充为"白色"。

8.5　职场特训

本章主要介绍了路径的创建与编辑，分别介绍了路径的创建工具，主要有"钢笔工具"、"矩形工具"、"椭圆工具"、"多边形工具"等。对于路径的编辑主要通过编辑锚点的方法来进行操作，其中所应用到的工具有"添加锚点工具"、"删除锚点工具"、"路径选择工具"。学完本章内容后，下面通过几个实例巩固本章知识。

特训 1： 绘制图形轮廓路径（源文件\第 8 章\绘制图形轮廓路径.psd）

1. 打开素材文件中的"绘制图形轮廓路径.jpg"图像文件。

2. 选择"钢笔工具"在图像中拖动，沿着图形轮廓绘制路径。

3. 使用"直接选择工具"选择图像中的路径，并拖动鼠标调整为平滑曲线。

4. 制作完毕后，保存图像。

特训 2： 绘制蝴蝶图形（源文件\第 8 章\绘制蝴蝶图形.psd）

1. 打开素材文件中的"绘制蝴蝶图形.jpg"图像文件。

2. 选择"自定形状工具"，并打开"自定形状"拾色器，选择蝴蝶图形。

3. 应用选择的图形在图像中拖动，绘制出大小不一的蝴蝶图形。

4. 将蝴蝶图形转换为选区后填充为"白色"。

5. 制作完毕后，保存图像文件。

特训 3： 绘制边框图像（源文件\第 8 章\绘制边框图像.psd）

1. 打开素材文件中的"绘制边框图像.jpg"图像文件。

2. 选择"自定形状工具"，并打开"自定形状"拾色器，选择边框图形。

3. 应用选择的图形在图像中拖动，绘制边框图形。

4. 将边框图形转换为选区后填充为"白色"。

5. 制作完毕后，保存图像文件。

第 9 章

通道、蒙版的应用

精彩案例

将选区存储为通道

合并专色通道

制作部分彩色图像

绘制矢量图形

本章导读

通道和蒙版在 Photoshop CS4 中是学习的重点和难点。应用蒙版可以将不同图像进行融合，并对局部的图像单独进行编辑，受保护的区域不受影响；通道是通过创建选区的方法存储为通道，可以将滤镜等功能和通道相结合对图像进行处理。本章介绍通道和蒙版的基础操作，以及在图像处理时如何对它们进行综合应用。

9.1 认识通道

图层的各个像素点的属性是以红、绿、蓝三原色的数值来表示的，而通道层中的像素颜色是由一组原色的亮度值组成的。简单地说，通道中只有一种颜色的不同亮度，是一种灰度图像，通道实际上可以理解为选择区域的映射。

9.1.1 通道与颜色模式的关系

应用 Photoshop 编辑图像时，实际上就是在编辑颜色通道，这些通道把图像分解成一个或多个色彩成分，图像的模式决定了颜色通道的数量，RGB 颜色模式图像有 3 个颜色通道，CMYK 图像有 4 个颜色通道，灰度图只有一个颜色通道，它们包含了所有将被打印或显示的颜色。

1. RGB 颜色模式的通道

RGB 颜色模式是用红、绿、蓝 3 种基本颜色叠加形成其他各种色彩，其中 R 代表红色，G 代表绿色，B 代表蓝色。每一种颜色单独形成 1 个通道，共有 3 个单色通道，最后形成 1 个 RGB 复合通道。每个单色通道上颜色的亮度有 0~255 共 256 阶。当 3 个色彩通道上的数值均为 0 时，叠加结果为黑色；当 3 个色彩通道上的数值均为 255 时，叠加结果为白色。RGB 颜色模式可叠加出 1670 万种颜色，是屏幕显示的最佳模式。

RGB 图像

基本通道

2. CMYK 颜色模式的通道

CMYK 颜色模式的图像是由青色、洋红、黄色、黑色的颜色通道以及 CMYK 通道构成。印刷采用的 CMYK 通道类比于 4 种不同的网格，只是相同位置处的密度可能不同。这涉及印刷时采用的并不是先混色再印刷，而是利用人眼的分辨能力极限，将预期色点分成更多的单元，按照预期色的 CMYK 比例填充纯色的 CMYK 四色点，通过人眼看起来好像是新颜色点。

CMYK 图像

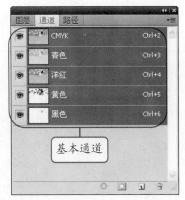

3. Lab 颜色模式的通道

　　在"通道"面板中，可以看出 Lab 颜色模式的图像是由明度、a、b 通道和 Lab 通道所组成的。

Lab 图像

4. 灰度颜色模式的通道

　　灰度颜色模式图像中不包含彩色信息，所以该模式中的通道只有一个单独的通道，即为"灰色"通道。

灰度图像

显示红通道中的图像

Step 01 打开光盘文件中的 "5.jpg" 图像文件。

Step 03 在图像窗口中可以查看该通道中图像的显示。

Step 02 切换到 "通道" 面板，选择 "红" 通道。

Step 04 选择 "绿" 通道可以查看该通道所包含的相关颜色信息。

9.1.2 "通道" 面板

选择 "窗口" ｜ "通道" 命令，可以将 "通道" 命令在图像窗口中显示出来，"通道" 面板与 "图层" 面板中包含的操作基本相似，也包括复制通道、显示与隐藏通道、删除通道等，通过这一系列的操作，可以变换出不同的图像效果，使绘制的图像更加多样化。

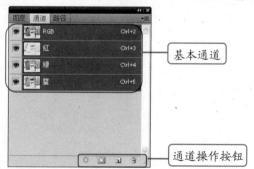

1. 基本通道

用于保存图像颜色信息的通道，基本通道会随着所打开的图像颜色模式进行变化，打开不同颜色模式通道，显示的名称和所包含的信息也不相同。

2. 通道操作按钮

通道操作按钮的主要作用是快速对通道进行编辑，其使用方法和"图层"面板中的按钮相同，可以用于创建新通道等操作。

知识点拨 Knowledge　认识通道操作按钮

"将通道作为选区载入"按钮：单击此按钮可以将所选择的通道转换为选区。

"将选区存储为通道"按钮：将当前所选择的区域存储为通道。

"创建新通道"按钮：单击此按钮后可以创建一个新的 Alpha 通道。

"删除通道"按钮：单击此按钮后可以将当前所选择的通道删除。

9.1.3　通道与选区的应用

通道与选区的应用指的是可以将选区通过存储的方法，转换为通道，在下次打开该图像时可以将通道选区进行载入，并重新进行编辑，而且对于存储的选区，还可以应用"画笔工具"和滤镜等命令对其进行编辑。

新手演练 Novice exercises　将选区存储为通道（源文件\第 9 章\将选区存储为通道.psd）

Step 01 打开光盘文件中的"6.jpg"图像文件。

Step 02 应用"魔棒工具" 连续在图像中单击，选择图像中间的花朵。

温馨提示牌 Warm and prompt licensing

如果需要应用"魔棒工具"连续选择图像时，首先要在属性栏中单击"添加到选区"按钮。

— 选择

Step 03 切换到"通道"面板中，单击底部的"将选区存储为通道"按钮。

单击

Step 04 在"通道"面板中新建一个 Alpha 通道。

Step 05 选择 Alpha 通道，在图像窗口中将会显示出该通道中所包含的图像信息。

9.2　通道的基本操作

　　通道的基本操作主要包括创建新通道、复制通道、选择通道和删除通道，这些基础操作都可以通过"通道"面板来完成。编辑通道的同时也会影响到图像的效果，注意存储编辑后的通道图像。

9.2.1　创建新通道

　　创建新通道是指在"通道"面板中创建一个新的通道，但是不能创建颜色通道，只能创建 Alpha 通道，Alpha 通道是一个 8 位的灰度通道，该通道用 256 级灰度来记录图像中的透明度信息，定义透明、不透明和半透明区域。其中黑色表示全透明，白色表示不透明，灰色表示半透明，可以用 Alpha 通道来存储选区。

新手演练 **创建新的通道**（源文件\第 9 章\创建新的通道.psd）

Step 01 打开光盘文件中的 "7.jpg" 图像文件，并打开"通道"面板。

Step 02 单击底部的"创建新通道"按钮。

单击

Step 03 即可在"通道"面板中新建一个 Alpha 通道。

Alpha 通道。

Step 04 可以应用同样的方法创建多个

9.2.2 复制通道

在编辑通道前，可以复制图像的通道以备份，或者将 **Alpha** 通道复制到新图像中以创建一个选区库。将选区逐个载入当前图像，这样可以缩小文件。

复制通道的主要操作是通过"创建新通道"按钮来进行，将所选择的通道拖动到底部的"创建新通道"按钮 □ 上即可得到通道副本。

新手演练 **复制选择的通道**（源文件\第 9 章\复制选择的通道.psd）

Step 01 打开光盘文件中的 "7.jpg" 图像文件，切换到"通道"面板中，选择"红"通道。

Step 02 将"红"通道拖动到面板底部的"创建新通道"按钮 □ 上。

Step 03 执行上步操作后即可将"红"通道进行复制。

Step 04 应用相同的方法，可以复制另外的通道。

9.2.3 选择通道

选择通道可以准确查看相应通道中所包含的颜色信息，在进行图像处理时可以快速选择需要的通道进行编辑。

新手演练 选择通道查看图像

Step 01 打开光盘文件中的 "8.jpg" 图像文件。

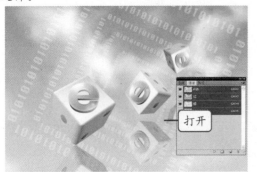

Step 02 打开 "通道" 面板，选择 "红" 通道。

Step 03 在图像窗口中查看该通道中所包含的图像效果。

Step 04 应用相同的方法选择 "绿" 通道，即可查看该通道的图像效果。

9.2.4 删除通道

存储图像前，可以删除不再需要的专色通道或 Alpha 通道，因为复杂的 Alpha 通道增加了图像所需的内存空间。

删除通道会影响图像效果，删除所选择的通道后，在 "通道" 面板中将会形成新的通道，并且不会显示出所删除通道中所包含的颜色信息。

新手演练 删除选择的通道（源文件\第 9 章\删除选择的通道.psd）

Step 01 打开光盘文件中的 "9.jpg" 图像文件。

Step 02　打开"通道"面板，选择"红"通道，将该通道拖动到底部的"删除通道"按钮 上。

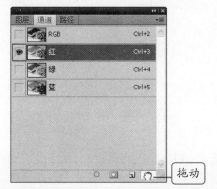

Step 03　执行上步操作后，即可将选择的通

道删除，并且形成其他的通道。

Step 04　在图像窗口中可以查看删除通道后的效果。

9.3　关于 Alpha 通道和专色通道

Alpha 通道将选区存储为灰度图像，可以添加 Alpha 通道来创建和存储蒙版，这些蒙版用于处理或保护图像的某些部分。

专色通道用于指定用于专色油墨印刷的附加印版。

9.3.1　将选区存储为 Alpha 通道

Alpha 通道中黑色的部分为不透明，白色部分为透明。最有魅力的是灰色部分，它的效果是半透明，这样就可以做出半透明效果。可以通过存储 Alpha 通道来保存图形选区，以备在需要时随时可以使用。

新手演练　将选区存储为 Alpha 通道（源文件\第 9 章\将选区存储为 Alpha 通道.psd）
Novice exercises

Step 01　打开光盘文件中的"10.jpg"图像文件。

Step 02 应用"魔棒工具" 选择图像中的椅子图像。

选择

Step 03 单击"通道"面板底部的"将选区存储为通道"按钮 。

单击

Step 04 执行上步操作后，可以在"通道"面板中新建 Alpha 通道。

Step 05 单击新建的 Alpha 通道。

单击

Step 06 在图像窗口中可以查看 Alpha 通道中包含的图像。

9.3.2　Alpha 通道和专色通道的转换

专色通道是一种特殊的颜色通道，它可以使用除了青、品红、黄、黑以外的颜色来绘制图像，在 Photoshop CS4 中可以创建新的专色通道或将现有 Alpha 通道转换为专色通道。

将 Alpha 通道转换为专色通道（源文件\第 9 章\转换通道.psd）

Step 01 打开光盘文件中的 "11.jpg" 图像文件。

Step 02 应用 "魔棒工具" 在蝴蝶图像上单击，选择蝴蝶图像。打开 "通道" 面板，将选区存储为 Alpha 通道，并选择该通道。

Step 03 在图像窗口中显示出 Alpha 通道中的颜色信息。

Step 04 单击 "通道" 面板右上侧的 按钮，在弹出的下拉菜单中选择 "通道选项" 命令。

Step 05 打开 "通道选项" 对话框，在该对话框中设置通道的名称和色彩指示。

Step 06 单击 "颜色" 栏中的颜色色标，打开 "选择通道颜色:" 对话框，设置为 "蓝色"（R:0,G:60,B:255），单击 确定 按钮。

Step 07 返回到 "通道选项" 对话框中，可以看到设置为蓝色的图标。

Step 08　在上步所示的对话框中设置完成后单击 [确定] 按钮，即可将 Alpha 通道转换为专色通道。

Step 09　在图像窗口中可以查看转换为专色通道后的效果。

9.3.3　合并专色通道

专色通道可以保存专色信息，具有 Alpha 通道的特点，也可以保存选区。每个专色通道只可以存储一种专色信息，而且是以灰度形式来存储的。在"通道"面板中选中专色通道后，从面板菜单中选择"合并专色通道"命令，将专色合并为颜色通道。但是 CMYK 油墨无法重现专色通道的色彩范围，因此色彩信息会有所损失。

新手演练　**合并专色通道**（源文件\第 9 章\合并专色通道.psd）

Step 01　打开光盘文件中的 "12.psd" 图像文件。

Step 03　单击"通道"面板右上侧的■按钮，在弹出的下拉菜单中选择"合并专色通道"命令。

Step 02　打开"通道"面板，选择"专色 1"通道。

Step 04　即可将专色通道进行合并。

9.4 蒙版的分类

在 Photoshop CS4 中存在多种蒙版类型，包括图层蒙版、矢量蒙版和剪贴蒙版，不同的蒙版具有不同的特征和效果。本节介绍图层蒙版、矢量蒙版和剪贴蒙版的概念，以及如何使用 Photoshop CS4 中的相关命令创建、编辑、应用、删除和停用图层蒙版，创建矢量蒙版和绘制矢量图形等操作，最后介绍如何创建、应用和释放剪贴蒙版。

9.4.1 图层蒙版

Photoshop 图层中包含图层蒙版和矢量蒙版。其中，图层蒙版是基于像素的灰度蒙版，包含了从白色到黑色共 256 个灰度级别。当灰度填充为白色时，蒙版是透明的；当灰度是黑色时，蒙版是不透明的，可遮盖下方的图像。该蒙版是与分辨率相关的位图图像，它们是由绘画或选择工具创建的。

制作部分彩色图像（源文件\第 9 章\制作部分彩色图像.psd）

Step 01 打开光盘文件中的 "13.jpg" 图像文件。

Step 02 打开 "图层" 面板，复制 "背景" 图层。

Step 03 选择 "图像" ｜ "调整" ｜ "黑白" 命令，打开 "黑白" 对话框，参照下图设置参

数，设置完成后单击 确定 按钮。

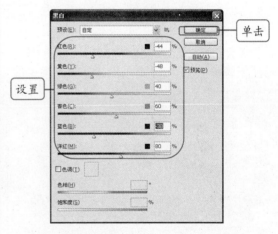

Step 04 将图像转换为黑白效果。

Step 05　单击“图层”面板底部的“添加图层蒙版”按钮，为“背景副本”图层添加图层蒙版。

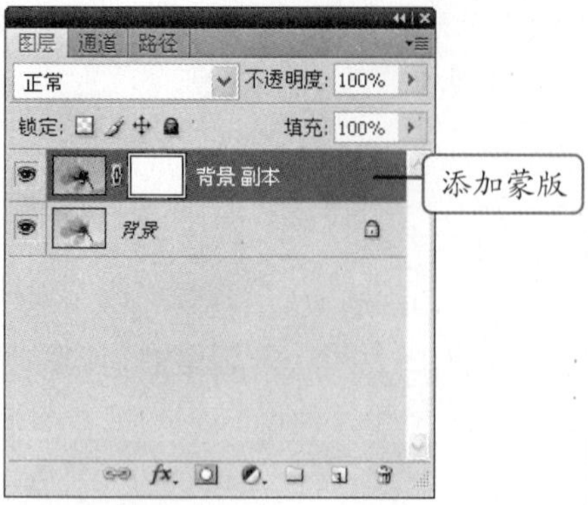

Step 06　应用“画笔工具”对图层蒙版进行编辑，将前景色设置为“黑色”，使用“画笔工具”在花朵图像上拖动，将花朵图像还原，完成制作。

9.4.2　矢量蒙版

矢量蒙版是由“钢笔工具”或“形状工具”创建的，按住 Ctrl 键的同时单击“图层”面板底部的“添加图层蒙版”按钮，即可快速添加矢量蒙版。

矢量蒙版是基于矢量的蒙版，该蒙版拥有独立的分辨率，由“钢笔工具”或“形状工具”创建，矢量蒙版缩览图代表从图层内容中剪下来的路径，用户可反复对其执行大小、位置等操作而不会发生质损现象。

新手演练 Novice exercises　绘制矢量图形（源文件\第 9 章\绘制矢量图形.psd）

Step 01　打开光盘文件中的“2.jpg”图像文件。

Step 02　打开“图层”面板，创建一个新的图层，填充为“粉红色”。

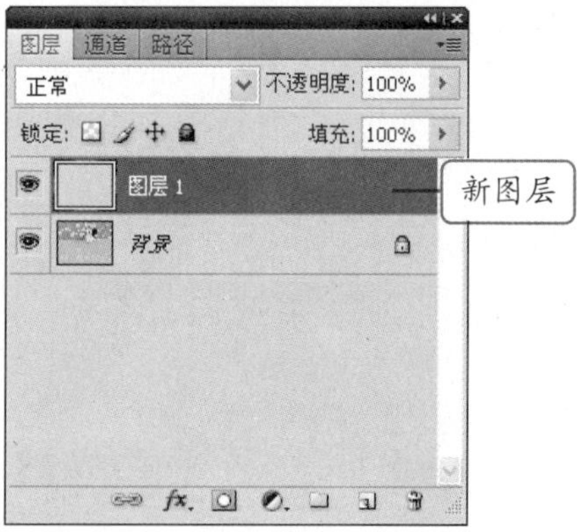

Step 03　选择“图层”|“矢量蒙版”|“显示全部”命令。

Step 04 执行上步操作后即可显示矢量蒙版。

Step 05 选择"自定形状工具"，在属性栏中选择星形图形，在图像中拖动，绘制多个星形图形。

职场经验谈 Workplace Experience

应用形状工具在矢量蒙版中进行绘制后，图像中会留下所绘制的形状，其余部分被隐藏。

9.4.3　剪贴蒙版

"剪贴蒙版"也称剪贴组，该蒙版是通过使用处于下方图层的形状来限制上方图层的显示状态，达到一种剪贴画的效果，即"下形状上颜色"。

用户可以通过在"图层"面板中直接建立剪贴蒙版，可以选择"图层"｜"创建剪贴蒙版"命令创建剪贴蒙版，也可以按住 Alt 键，在两图层中间出现图标后单击，建立剪贴蒙版后，上方图层缩略图会自动缩进，并且生成的剪贴蒙版中有一个向下的箭头，表示图像的从属关系。

 新手演练 Novice exercises　**制作相框效果**（源文件\第 9 章\制作相框效果.psd）

Step 01 打开光盘文件中的"14.psd"图像文件。

Step 02 打开光盘文件中的"15.jpg"图像文件。

Step 03 将打开的人物图像拖动到"14.psd"图像窗口中。

Step 06 释放鼠标后即可形成剪贴蒙版，将人物图像放置到"图层 1"中的黑色轮廓中，并将人物图像移动到合适位置上。

Step 04 按住 Alt 键的同时单击"图层 1"和"图层 2"之间的交界处。

温馨提示牌
Warm and prompt licensing

在窗口中打开多个图像时，可以通过鼠标单击图像标题栏，来切换选择不同的图像。

Step 05 在"图层"面板中可以查看图层之间的关系。

9.5　图层蒙版的基本操作

图层蒙版的基本操作主要包括 4 个方面，分别为创建图层蒙版、停用图层蒙版、应用图层蒙版、删除图层蒙版。通过选择图层蒙版后，应用快捷菜单中的命令，或者单击"通道"面板右上侧的 按钮，在弹出的下拉菜单中选择相应的命令对图层蒙版进行编辑。

9.5.1　创建图层蒙版

用户可以创建显示全部的图层蒙版、隐藏全部的图层蒙版。

知识点拨 Knowledge　**创建图层蒙版的两种方法**

选择命令：选择"图层"|"图层蒙版"|"显示全部"菜单命令，创建可以显示全部的图层蒙版。

单击按钮：单击"图层"面板底部的"添加图层蒙版"按钮 ，可快速创建显示全部的图层蒙版。

创建图层蒙版的主要操作为打开"图层"面板，通过"添加图层蒙版"按钮 ，将选区存储为蒙版。

新手演练 Novice exercises **创建图层蒙版**（源文件\第 9 章\创建图层蒙版.psd）

Step 01 打开光盘文件中的"**16.jpg**"图像文件。

Step 02 打开"**通道**"面板，按住 **Ctrl** 键的同时单击"**绿**"通道缩略图，载入通道选区。

Step 03 从图像窗口中可以看出该通道被载入的选区范围。

Step 04 返回到"**图层**"面板中，将"**背景**"图层进行复制，并将所载入的选区添加为图层蒙版。

温馨提示牌 Warm and prompt licensing

对于锁定的"背景"图层不能直接对其添加图层蒙版，要先将背景图层转换为普通图层，然后进行编辑。

Step 05 单击"**背景副本**"图层的缩略图。

Step 06 按 **Ctrl+U** 组合键，打开"**色相/饱和度**"对话框，对图像进行设置，设置完成后单击 确定 按钮。

Step 07　完成设置后的效果。

此处应用"色相/饱和度"对话框，来编辑图像所载入的蒙版区域，对其余部分不会产生影响。

9.5.2　停用图层蒙版

当蒙版处于停用状态时，"图层"面板中的蒙版缩览图上将出现一个红色的十字叉，并会显示出不带蒙版效果的图层内容。用户可以通过单击图层蒙版缩览图和应用菜单命令停用图层蒙版。

新手演练 Novice exercises　**停用创建的蒙版**（源文件\第9章\停用创建的蒙版.psd）

Step 01　打开光盘文件中的"创建图层蒙版.psd"图像文件，并显示"图层"面板。在图层蒙版上右击，在弹出的快捷菜单中选择"停用图层蒙版"命令。

Step 02　在"图层"面板中可以看到图层蒙版被停止使用，出现红色的十字叉。

停用图层蒙版后的图像效果和删除图层蒙版后的图像效果相同，都会只显示出"背景副本"图层中的图像。

Step 03　在图像窗口中将会显示出应用图像菜单命令后的图像效果。

9.5.3 应用图层蒙版

　　在创建编辑图层蒙版后，可以通过应用图层蒙版使图层蒙版所在的图层只选择和显示要使用的图像部分，而不改变图像本身。用户可以通过简单的菜单命令完成图层蒙版的应用，也可以通过"图层"面板应用图层蒙版。

　　应用图层蒙版后不能再对图层蒙版进行编辑，因为"图层"面板中的图层蒙版已经消失不见，不能重复进行编辑。

新手演练　应用图层蒙版（源文件\第9章\应用图层蒙版.psd）

Step 01　打开光盘文件中的"停用创建的蒙版.psd"图像文件，并显示"图层"面板。在图层蒙版上右击，在弹出的快捷菜单中选择"应用图层蒙版"命令。

Step 02　从"图层"面板中看到应用图层蒙

　　应用图层蒙版后的蒙版不能重复进行使用，要编辑图层蒙版，只能重新创建新的图层蒙版。

版后蒙版消失，并且"背景副本"图层的缩览图也随之变化。

Step 03　从图像窗口中可以查看应用图层蒙版后的效果和添加图层蒙版后的效果相同。

9.5.4 删除图层蒙版

　　图层蒙版是作为 Alpha 通道存储的，所以删除图层蒙版有助于减小文件大小。用户可以通过菜单命令或"图层"面板删除图层蒙版，其具体方法如下。

　　右击"图层"面板中的图层蒙版缩览图，选择"图层"｜"图层蒙版"｜"删除"命令，即可快速删除选中的图层蒙版。

删除创建的蒙版（源文件\第9章\删除创建的蒙版.psd）

Step 01 打开光盘文件中的"应用图层蒙版.psd"图像文件，并显示"图层"面板。在图层蒙版缩览图上右击，在弹出的快捷菜单中选择"删除图层蒙版"命令。

Step 02 删除图层蒙版后，在"图层"面板中将不可见图层蒙版。

温馨提示牌

删除后的图层蒙版不能重复进行使用，可以通过创建新的图层蒙版的方法，建立新的图层蒙版。

Step 03 删除图层蒙版后，图像效果显示为应用图像菜单调整后的效果。

9.6 以快速蒙版模式编辑图像

在 Photoshop CS4 中可以在快速蒙版模式下创建蒙版，创建蒙版后，受保护区域和未受保护区域以不同颜色进行区分。当退出快速蒙版模式时，未受保护区域成为选区。

9.6.1 设置快速蒙版选项

用户可以根据个人喜好制作需要设置快速蒙版的选项，包括快速蒙版色彩提示和颜色的设置。

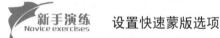 设置快速蒙版选项

Step 01 双击工具箱中的"以快速蒙版编辑"按钮，打开"快速蒙版选项"对话框，在对话框中可以设置色彩指示，以及蒙版的颜色。

Step 02 单击颜色图标，打开"选择快速蒙版颜色："对话框，在对话框中将颜色设置为"蓝色"（R:0,G:108,B:255），设置完成后单击 确定 按钮。

Step 03 返回到"快速蒙版选项"对话框中，从图像中可以看出新设置后的蒙版颜色，设置完成后单击 确定 按钮。

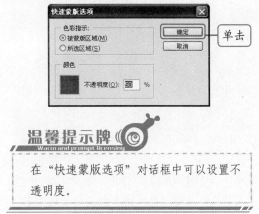

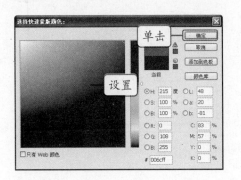

温馨提示牌
Warm and prompt licensing

在"快速蒙版选项"对话框中可以设置不透明度。

9.6.2 绘制蒙版区域

将前景色设置为黑色，在页面合适位置处进行涂抹，可取消选择区域；将前景色设置为白色，在页面合适位置处进行涂抹，可选择更多的区域。单击工具箱中的"以标准模式显示"按钮 ，关闭快速蒙版并返回到原图像，此时，可以看到添加选区和减去选区后的选区效果。

将图像创建为选区后，可以应用 Photoshop CS4 所提供的相关菜单或者命令对图像重新进行编辑。

新手演练
Novice exercises
编辑蒙版区域（源文件\第 9 章\编辑蒙版区域.psd）

Step 01 打开光盘文件中的"17.jpg"图像文件。

Step 02 单击工具箱中的"以快速蒙版模式编辑"按钮 ，应用"画笔工具" 在图像上单击并涂抹，直至将树叶图像都涂抹上颜色。

Step 03 单击工具箱中的"以正常模式编辑"按钮 ，退出对图像的编辑，即可得到树叶以外的选区，按 Shift+Ctrl+I 组合键，反向选择选区。

Step 04 单击"选择"菜单项，在弹出的菜单中选择"修改"｜"羽化"命令，打开"羽化选区"对话框，在对话框中将羽化半径设置为"10像素"，设置完成后单击 确定 按钮。

Step 05 按 Ctrl+J 组合键，将选择的区域创建为一个新的图层。

Step 06 按 Ctrl+U 组合键，打开"色相/饱和度"对话框，在对话框中设置色相和饱和度的参数，设置完成后单击 确定 按钮。

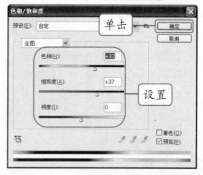

Step 07 效果如下图所示。

处理羽化后的选区图像，可以得到与背景更融合的效果。

9.7 职场特训

本章主要介绍在 Photoshop CS4 中如何应用通道和蒙版来对图像进行编辑，主要学习其相关的使用方法和操作步骤。学完本章内容后，下面通过几个实例巩固本章知识。

特训 1: 制作儿童相框（源文件\第 9 章\制作儿童相框.psd）

1. 打开素材文件中的"制作儿童相框.psd"图像文件。

2. 打开"儿童.jpg"图像文件。

3. 将儿童图像拖动到相框图像窗口中，并将其放置到"图层 2"的上方，变换到合适大小。

4. 按住 Alt 键的同时单击"图层 3"和"图层 2"的交界处，形成剪贴蒙版。

5. 制作完毕后，保存图像。

特训 2: 删除绿通道（源文件\第 9 章\删除绿通道.psd）

1. 打开素材文件中的"删除绿通道.jpg"图像文件。

2. 打开"通道"面板，选择"绿"通道。

3. 将所选择的通道拖动到底部的"删除当前通道"按钮 🗑 上。

4. 释放鼠标后即可将"绿"通道删除。

5. 制作完毕后，保存图像。

特训 3: 应用滤镜编辑通道（源文件\第 9 章\应用滤镜编辑通道.psd）

1. 打开素材文件中的"应用滤镜编辑通道.psd"图像文件，选择 Alpha 通道。

2. 选择"滤镜"｜"画笔描边"｜"喷色描边"命令。

3. 打开"喷色描边"对话框，对相关参数进行设置。

4. 制作完毕后，保存图像。

特训 **4**：**复制通道图像**（源文件\第 9 章\复制通道图像.psd）

1. 打开素材文件中的"复制通道图像.jpg"图像文件。

2. 选择"绿"通道，按 **Ctrl+C** 组合键复制通道。

3. 选择"蓝"通道，按 **Ctrl+V** 组合键粘贴通道图像。

4. 选择"**RGB**"通道，返回到图像窗口中查看编辑后的图像效果。

5. 制作完毕后，保存图像。

第10章

滤镜的应用

精彩案例

增大眼睛和瘦脸

生成连续的图案

查找图像边缘

制作纹理化效果

本章导读

　　滤镜来源于摄影中的滤光镜，应用滤光镜的功能可以改进图像及产生特殊的效果。Photoshop 中的滤镜同样可以达到以上效果，但是没有哪一种实际中的滤光镜可以和 Photoshop 中的滤镜媲美。本章介绍如何应用滤镜来制作各种变化效果。

10.1 滤镜库

滤镜库可提供许多特殊效果滤镜的预览，可以应用多个滤镜、打开或关闭滤镜的效果、复位滤镜的选项以及更改应用滤镜的顺序。如果对预览效果满意，则可以将其应用于图像。滤镜库并不提供"滤镜"菜单中的所有滤镜。

10.1.1 滤镜库

单击"滤镜"菜单项，在弹出的菜单中选择"滤镜库"命令，打开"滤镜库"对话框，在对话框中有多种滤镜可供设置和选择，并且可以在多种滤镜间直接进行切换。

1. 预览效果

预览效果中显示的是当前应用滤镜对图像进行编辑后的效果，在对话框的右侧可以通过拖动滑块来影响预览的效果，编辑到合适效果后单击 确定 按钮即可应用。

2. 滤镜缩略图

滤镜缩略图是指将滤镜以缩略效果显示，可以单击不同的滤镜缩略图来选择相应的滤镜。

3. 参数设置

参数设置会随着选择不同的滤镜进行更换，单击不同的滤镜缩略图将显示不同的参数，通过预览效果来确定所设置的参数。

4. 效果图层

在"滤镜库"对话框中可以添加多个效果图层，制作成叠加滤镜后的图像效果，单击"新建效果图层"按钮 ，可以添加新的效果图层；单击"删除效果图层"按钮 ，可以将所添加的新效果图层删除。

10.1.2 滤镜的选择

在"滤镜库"对话框中可以根据需要选择其他的滤镜，并对图像进行编辑，主要操作为在对话框中单击其他滤镜缩略图，然后设置参数。

新手演练 Novice exercises　**设置其他滤镜效果**（源文件\第 10 章\设置另外的滤镜效果.jpg）

Step 01 打开光盘文件中的"2.jpg"图像文件。

Step 02 单击"滤镜"菜单项，在弹出的菜单中选择"滤镜库"命令，打开"滤镜库"对话框，图像中显示的滤镜为上次所应用的滤镜。

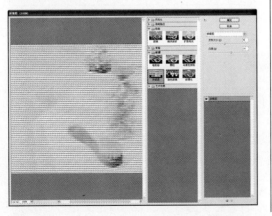

Step 03 选择对话框中的"粗糙蜡笔"滤镜，在右侧的选项区中设置相关参数，这里设置描边长度为"6"，描边细节为"4"，单击 **确定** 按钮。

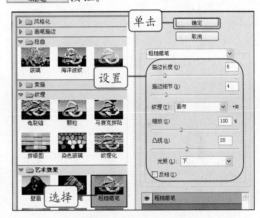

Step 04 将图像应用设置的滤镜。

10.1.3　滤镜图层

滤镜图层可以在"滤镜库"对话框中重复应用不同的滤镜。通过添加效果图层的方法，可以同时应用多个滤镜对同一个图像进行编辑。

新手演练 Novice exercises　**添加新的滤镜图层**（源文件\第 10 章\添加新的滤镜图层.jpg）

Step 01　打开光盘文件中的"3.jpg"图像文件。

Step 02　单击"滤镜"菜单项，在弹出的菜单中选择"滤镜库"命令，并在对话框中选择"粗糙蜡笔"滤镜。

Step 03　单击"新建效果图层"按钮，可以在"滤镜库"对话框中添加一个新的滤镜，新增加的效果图层其效果也为粗糙蜡笔，效果被增强。

　**职场经验谈** Workplace Experience

新增加的效果图层在未设置前，显示为前一个所选择的滤镜。

Step 04　对新建的效果图层进行编辑，单击"龟裂缝"滤镜缩略图，可以在对话框中查看添加的新效果图层。

Step 05　单击 确定 按钮可以查看应用多种滤镜后的图像效果。

10.2　独立滤镜的使用

在 Photoshop 中有许多独立使用的滤镜，如"抽出"滤镜、"液化"滤镜和"图案生成器"滤镜等，本节着重介绍这些独立滤镜的使用方法，以及应用这些滤镜制作满意的图像效果。

10.2.1　液化

"液化"滤镜可用于推、拉、旋转、反射、折叠和膨胀图像的任意区域。创建的扭曲可以是细微的或剧烈的，这就使"液化"命令成为修饰图像和创建艺术效果的强大工具。可将"液化"滤镜应用于 8 位/通道或 16 位/通道图像。

新手演练 Novice exercises　**增大眼睛和瘦脸**（源文件\第 10 章\增大眼睛和瘦脸.jpg）

Step 01　打开光盘文件中的"4.jpg"图像文件。

Step 02　单击"滤镜"菜单项，在弹出的菜单中选择"液化"命令，打开"液化"对话框，应用"向前变形工具"将人物脸部向内进行拖动。

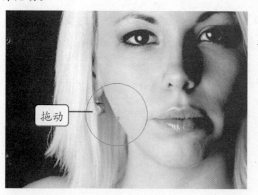

Step 03　应用"膨胀工具"对人物的眼睛进行编辑，使用该工具在人物眼睛图像上单击，即可形成向外扩张后的效果。

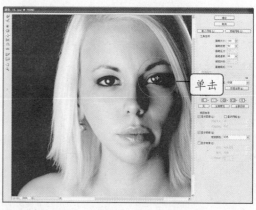

Step 04　单击 确定 按钮后从得到的图像中查看到人物的脸部变小，而眼睛变大了。

10.2.2　图案生成器

　　"图案生成器"滤镜可以根据选择图像的部分或剪贴板中的图像来生成各种图案，其特殊的混合算法避免了在应用图像时的简单重复，实现了拼贴块与拼贴块之间的无缝连接。因为图案是基于样本中的像素，所以生成的图案与样本具有相同的视觉效果。

新手演练　**生成连续的图案**（源文件\第 10 章\生成连续的图案.psd）

Step 01　打开光盘文件中的 "5.jpg" 图像文件。

Step 02　应用 "矩形选框工具" 　　在图像中拖动，创建一个矩形选区。

创建选区

职场经验谈 Workplace Experience

　　要对选区生成图案，可以先在图像窗口中创建选区，也可以在"图案生成器"对话框中创建选区。

Step 03　单击 "滤镜" 菜单项，在弹出的菜单中选择"图案生成器"命令，打开"图案生成器"对话框。

温馨提示牌 Warm and prompt licensing

　　在"图案生成器"对话框中也可以对图像进行缩放操作。

Step 04　单击　生成　按钮可以将选择的区域生成为连续的图案。

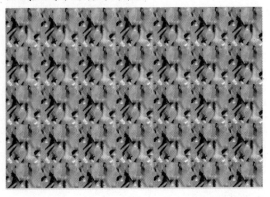

Step 05　连续单击 再次生成 按钮，直到得到最满意的图案，设置完成后单击 确定 按钮。

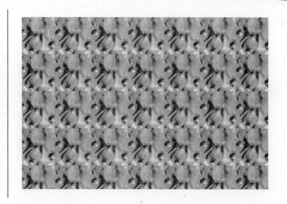

职场经验谈
Workplace Experience

应用"图案生成器"滤镜对图像进行编辑后，新生成的图案将掩盖前面的素材图像。

10.2.3　消失点

使用"消失点"滤镜工具在选择的图像区域内进行拷贝、喷绘、粘贴图像等操作时，会自动应用透视原理，按照透视的角度和比例来自动适应图像的修改，从而大大节约精确设计和修饰照片所需的时间。

新手演练
Novice exercises　　**去除多余图像**（源文件\第 10 章\去除多余图像.jpg）

Step 01　打开光盘文件中的"6.jpg"图像文件。

Step 02　单击"滤镜"菜单项，在弹出的菜单中选择"消失点"命令，打开"消失点"对话框，应用"创建平面工具"在图像中拖动创建要编辑的图像区域。

职场经验谈
Workplace Experience

应用"消失点"滤镜对图像进行编辑时，不仅可以将图像进行延长，也可以将部分图像去除。

Step 03　单击"图章工具"按钮，并按住 Alt 键对图像进行取样，然后应用取样的区域对图像进行编辑。

修复图像

Step 04 连续应用取样的图像在图像中单击，将图像中的石头图像去除，留下草地图像，完成后单击 确定 按钮。

"消失点"对话框中的"图章工具"和工具箱中的"图章工具"的使用方法相同。

10.2.4 抽出

"抽出"菜单命令是一种特殊滤镜，也是选择图像的一种方法，常用于在复杂的背景中抠选某一部分图像。使用"抽出"命令可以方便地选择所需的图像并清除其余的背景，同时将原背景图层转换为普通图层。抽出图像的方法是：用对话框中的"边缘高光器"工具勾选出要选择的图像边缘，再使用"填充"工具在勾勒的范围内单击，填充图像，最后单击 确定 按钮选择填充的图像，而画笔外的图像将自动清除为透明背景。

新手演练 抽出人物图像（源文件\第 10 章\抽出人物图像.psd）

Step 01 打开光盘文件中的"7.jpg"图像文件。

Step 02 单击"滤镜"菜单项，在弹出的菜单中选择"抽出"命令，打开"抽出"对话框，单击对话框中的"边缘高光器"工具 ，使用该工具在人物边缘拖动。

绘制边缘

Step 03 在对话框左侧选择"填充工具" ，对绘制的边缘图像进行填充，使图像透明显示。

填充工具的作用是将绘制的图像区域填充上颜色，但是对于边缘图像不起作用。

抽出，并在图像窗口中显示出来，其余背景显示为透明效果。

Step 04 单击 确定 按钮即可将人物图像

10.3　其他滤镜的使用

其他类型的滤镜可以通过打开相应的对话框对图像进行设置，该类型的滤镜主要有 11 种，分别为"风格化"滤镜、"画笔描边"滤镜、"模糊"滤镜、"扭曲"滤镜、"素描"滤镜、"锐化"滤镜、"纹理"滤镜、"像素化"滤镜、"渲染"滤镜、"艺术效果"滤镜和"杂色"滤镜，下面介绍这几种滤镜的应用和作用。

10.3.1　风格化滤镜

"风格化"滤镜组中共包含 9 种滤镜效果，分别为查找边缘、等高线、风、浮雕效果、扩散、拼贴、曝光过度、凸出和照亮边缘，"风格化"滤镜可以通过置换像素并且查找和提高图像中的对比度，产生一种绘画式或印象派艺术效果。

1. 风

风滤镜可以在图像中创建水平线以模拟风的动感效果，它是制作纹理或为文字添加阴影效果时常用的滤镜工具，选择"滤镜" | "风格化" | "风"命令，可以打开"风"对话框，对设置的参数进行设置，方法包括"风"、"大风"（用于获得更生动的风效果）和"飓风"。下面给出应用"大风"滤镜前后的对比效果图。

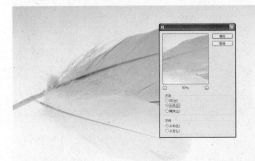

2. 拼贴

　　"拼贴"滤镜可以将图像分解为一系列拼贴，使选区偏离其原来的位置。可以选择下列对象之一填充拼贴之间的区域：背景色，前景色，图像的反转版本或图像的未改变版本，它们使拼贴的版本位于原版本之上并露出原图像中位于拼贴边缘下面的部分。

新手演练　拼贴效果
Novice exercises

Step 01　打开光盘文件中的"8.jpg"图像文件，选择"滤镜"｜"风格化"｜"拼贴"命令，打开"拼贴"对话框，在其中设置拼贴数和最大位移，单击 [　确定　] 按钮。

Step 02　应用"拼贴"滤镜后的效果。

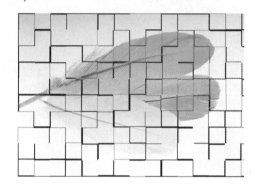

3. 照亮边缘

　　"照亮边缘"滤镜可以标识颜色的边缘，并向其添加类似霓虹灯的光亮，此滤镜可累积使用。可以通过打开"滤镜库"对话框来选择该滤镜，选择菜单"滤镜"｜"风格化"｜"照亮边缘"命令，打开"照亮边缘"对话框，在"照亮边缘"对话框中设置相关参数后，单击 [　确定　] 按钮，应用所选择的滤镜。

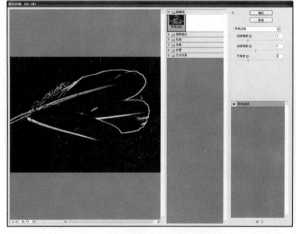

查找图像边缘（源文件\第 10 章\查找图像边缘.jpg）

Step 01 打开光盘文件中的"9.jpg"图像文件。

Step 02 选择"滤镜"｜"风格化"｜"查找边缘"命令,直接对图像进行编辑和调整。

10.3.2　画笔描边滤镜

与"艺术效果"滤镜相同,"画笔描边"滤镜使用不同的画笔和油墨描边效果创造出绘画效果的外观。可以通过"滤镜库"对话框来应用所有的"画笔描边"滤镜,"画笔描边"滤镜组中共包括 8 种滤镜,分别有成角的线条、墨水轮廓、喷溅、喷色描边、强化的边缘、深色线条、烟灰墨和阴影线。

1．深色线条

"深色线条"滤镜主要用短的、绷紧的深色线条绘制暗区,用长的白色线条绘制亮区,选择"滤镜"｜"画笔描边"｜"深色线条"命令,打开"深色线条"对话框,该对话框中有 3 项控制参数,分别为"平衡"、"黑色强度"和"白色强度"。

2. 墨水轮廓

"墨水轮廓"滤镜可以使图像产生一种类似于使用墨水进行描边后的图像效果,在"墨水轮廓"对话框中有 3 个参数,分别为"描边长度"、"深色强度"、"光照强度",可以通过对参数的设置变换图像的效果。

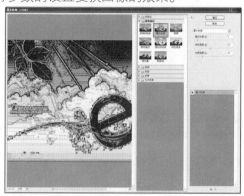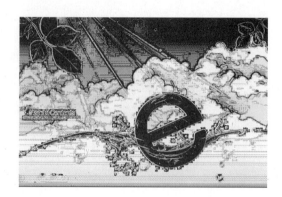

3. 喷溅

"喷溅"滤镜模仿喷枪的效果,在其对话框中的喷色半径越大其效果越明显。在"喷溅"对话框中的"喷色半径"参数用于设置浸水效果的范围,数值越大效果越明显,"平滑度"用于设置图像柔和程度,数值越大图像越模糊。

4. 烟灰墨

"烟灰墨"滤镜可以使图像产生像木炭画一样的效果,在"烟灰墨"对话框中可以通过对其参数的设置来对图像的效果进行设置,其中包含有 3 个参数,分别为"描边宽度"、"描边压力"和"对比度"。

　制作喷色描边图像（源文件\第 10 章\制作喷色描边图像.jpg）

Step 01 打开光盘文件中的 "11.jpg" 图像文件。

Step 02 单击 "滤镜" 菜单项，在弹出的菜单中选择 "画笔描边" | "喷色描边" 命令，打开 "喷色描边" 对话框，设置描边长度为 "15"，喷色半径为 "14"，并在 "描边方向" 下拉列表框中选择 "右对角线" 选项，单击

 按钮。

Step 03 效果如下图所示。

职场经验谈　Workplace Experience

喷色描边中的颜色不受前景色和背景色影响，应用图像原本的颜色进行变化。

10.3.3　模糊滤镜

　　模糊滤镜组是最能人为地表现照相机特性的滤镜，可以制作图像的各种模糊效果。该滤镜是 Photoshop 中使用最频繁的图像调整滤镜。模糊滤镜组主要用于不同程度地减少相

邻像素间颜色的差异，使图像产生柔和、模糊的效果。利用该组滤镜可以对背景进行模糊处理，突出主题人物，并可以表现事物的动感效果。

知识点拨 Knowledge　**常见模糊滤镜的对比效果**

表面模糊：在保留边缘的同时模糊图像，此滤镜用于创建特殊效果并消除杂色或粒度。"半径"选项指定模糊取样区域的大小。"阈值"选项控制相邻像素色调值。

Z职场经验谈 Workplace Experience

"表面模糊"滤镜不会影响图像的轮廓，绘制部分颜色以模糊效果显示。

果类似于以固定的曝光时间给一个移动的对象拍照。

高斯模糊：使用可调整的量快速模糊选区。"高斯"是指当 Photoshop 将加权平均应用于像素时生成的钟形曲线。"高斯模糊"滤镜添加低频细节，并产生一种朦胧效果。

镜头模糊：该滤镜使用深度映射来确定像素在图像中的位置。在选择了深度映射的情况下，可以使用十字线光标来设置模糊起点。

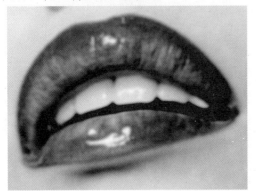

动感模糊：沿指定方向（-360°～+360°）以指定强度（1～999）进行模糊。此滤镜效

10.3.4　扭曲滤镜

"扭曲"滤镜将图像进行几何扭曲，创建 3D 或其他整形效果。注意，这些滤镜可能占用大量内存。可以通过"滤镜库"来应用"扩散亮光"、"玻璃"和"海洋波纹"滤镜，其

余的滤镜要通过选择不同的菜单命令来设置。

1. 玻璃

　　"玻璃"滤镜使图像看起来像是透过不同类型的玻璃来观看的，可以选择玻璃效果或创建自己的玻璃表面（存储为 Photoshop 文件）并加以应用，还可以调整缩放、扭曲和平滑度设置。在"玻璃"对话框中有 5 个控制效果的参数，分别为"扭曲度"、"平滑度"、"纹理"、"缩放"和"反相"。

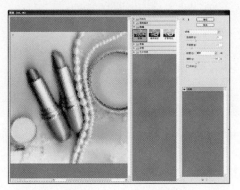
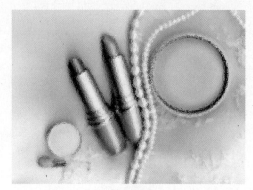

2. 波浪

　　"波浪"滤镜的工作方式类似于"波纹"滤镜，但可进一步控制。选项包括波浪"生成器数"、"波长"(从一个波峰到下一个波峰的距离)、"波幅"和"比例"，"随机化"选项应用随机值，也可以定义未扭曲的区域。

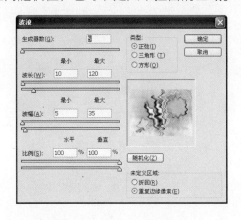
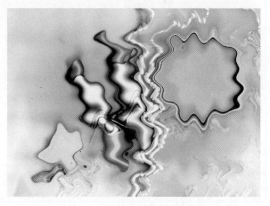

3. 球面化

　　"球面化"滤镜通过将选区折成球形、扭曲图像以及伸展图像以适合选中的曲线，使对象具有 3D 效果，在"球面化"对话框中有两个参数，可以设置球面化的强弱。

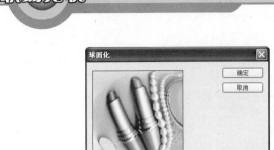

新手演练 Novice exercises　**制作切变效果图像**（源文件\第 10 章\制作切变效果图像.jpg）

Step 01 打开光盘文件中的 "14.jpg" 图像文件。

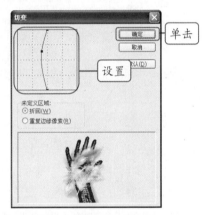

Step 03 应用滤镜后的效果如下。

Step 02 单击 "滤镜" 菜单项，在弹出的菜单中选择 "扭曲" ｜ "切变" 命令，打开 "切变" 对话框，用鼠标在图像中拖动，形成弯曲的图形，单击  按钮。

★Z **职场经验谈** Workplace Experience

选择文档中的图片后，才会显示 "图片工具格式" 选项卡；也可直接双击文档中的图片快速切换。

10.3.5 素描滤镜

"素描"滤镜用来在图像中添加纹理、使图像产生模拟素描、速写及三维的艺术效果。需要注意的是，许多素描滤镜在重绘图像时使用前景色和背景色。

"素描"滤镜组与"画笔描边"滤镜组艺术效果的功能相似，不同之处是"素描"滤镜组强调的是绘画或素描的效果，通过前景色和背景色来表现图像，所以如果根据画像的风格选择恰当的颜色后进行应用，就可以表现出独特的风格。

知识点拨　Knowledge　常见素描滤镜的对比效果

半调图案："半调图案"滤镜主要使图像在保持连续色调范围的同时，模拟半调网屏的效果。

绘图笔：使用细的、线状的油墨描边以捕捉原图像中的细节。对于扫描图像，效果尤其明显。此滤镜使用前景色作为油墨，使用背景色作为纸张，以替换原图像中的颜色。

水彩画纸：其工作原理是利用有污点的画像在潮湿的纤维纸上涂抹，使颜色流动并混合。

图章：简化了图像，使之看起来像用橡皮或木制图章创建的。此滤镜用于黑白图像时效果最佳。

素描滤镜通过设置描边长度、明暗之间的平衡以及描边方向来控制图像效果。

新手演练 绘图笔图像效果（源文件\第 10 章\绘图笔效果.psd）

Step 01 打开光盘文件中的"16.jpg"图像文件。

Step 02 打开"图层"面板，将"背景"图层拖动到底部的"创建新图层"按钮上，复制出一个新的背景图层。

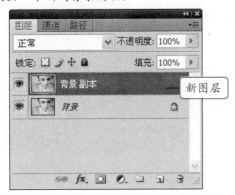

Step 03 单击"滤镜"菜单项，在弹出的菜单中选择"素描"|"绘图笔"命令，打开"绘图笔"对话框，参照如图所示设置，完成后单击 确定 按钮。

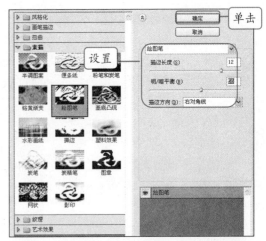

Step 04 得到绘图笔的图像效果。

温馨提示牌

在应用绘图笔滤镜对图像进行编辑时，可以先设置背景色和前景色。

10.3.6 锐化滤镜

"锐化"滤镜主要用于通过增强相邻像素间的对比度，使图像具有明显的轮廓，并变得更加清晰。这类滤镜的效果与"模糊"滤镜的效果正好相反。

知识点拨　**锐化滤镜的各种效果比较**
Knowledge

锐化:锐化图像的颜色边缘,使图像更加清晰,可以重复进行使用。

智能锐化:该滤镜主要是通过增加图像轮廓颜色的亮度,使颜色之间的对比更加明显。

10.3.7　纹理滤镜

"纹理"滤镜主要用于生成具有纹理效果的图案,使图像具有质感,该滤镜在空白画面上可以直接工作,并能生成相应的纹理图案。

1.　拼缀图

"拼缀图"滤镜将图像分解为用图像中该区域的主色填充的正方形,随机减小或增大拼贴的深度,使图像产生一种类似于建筑物上使用瓷砖拼成图像的效果。在"拼缀图"对话框中,常见的参数有两项,分别为"方形大小"和"凸现"。

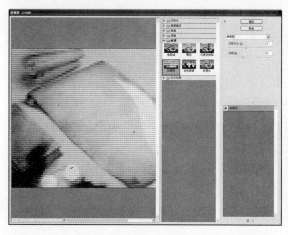 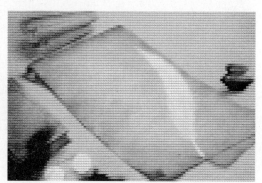

2. 龟裂缝

　　"龟裂缝"滤镜可以产生将图像弄皱后所具有的凹凸不平的皱纹效果，与龟甲上的纹路相似。它也可以在空白画面上直接产生具有皱纹效果的纹理，选择"滤镜"｜"纹理"｜"龟裂缝"命令，打开"龟裂缝"对话框，在对话框中可以设置"裂缝间距"、"裂缝深度"和"裂缝亮度"等参数。

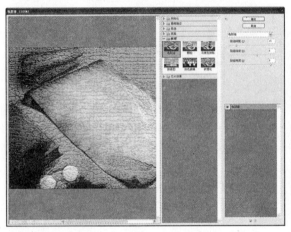
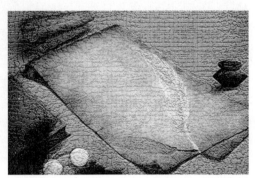

3. 染色玻璃

　　"染色玻璃"滤镜将图像重新绘制为用前景色勾勒的单色的相邻单元格，选择"滤镜"｜"纹理"｜"染色玻璃"命令，打开"玻璃"对话框，其中常见的选项有 3 个，分别为"单元格大小"、"边框粗细"、"光照强度"。

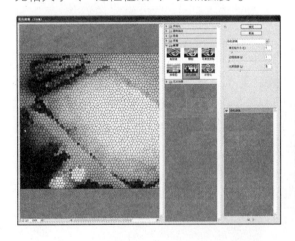
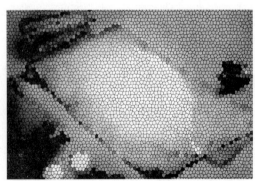

制作纹理化效果（源文件\第 10 章\制作纹理化效果.jpg）

Step 01 打开光盘文件中的"19.jpg"图像文件。

Step 02 选择"滤镜"|"纹理"|"纹理化"命令，打开"纹理化"对话框，参照如下图所示设置参数，设置完成后单击 确定 按钮。

温馨提示牌
Warm and prompt licensing

"龟裂缝"滤镜在图像中随机生成龟裂浮雕纹理效果，常用来模拟砖墙风化效果。

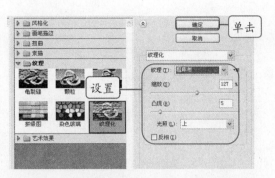

Step 03 效果如下图所示。

10.3.8　像素化滤镜

"像素化"子菜单中的滤镜通过使单元格中颜色值相近的像素结成块来清晰地定义一个选区，这种类型的滤镜包括"彩色半调"、"晶格化"、"点状化"、"马赛克"等。

知识点拨 Knowledge　常见像素化滤镜的各种效果比较

彩色半调：模拟在图像的每个通道上使用放大的半调网屏的效果。对于每个通道，滤镜将图像划分为矩形，并用圆形替换每个矩形，圆形的大小与矩形的亮度成比例。

点状化：将图像中的颜色分解为随机分布的网点，使用背景色作为网点之间的画布区域。

晶格化：使像素结块形成多边形纯色。

马赛克：使像素结为方形块，给定块中的像素颜色相同，块颜色代表选区中的颜色。

　　像素化滤镜会制作成用点或者块来形成的效果，下面以人物图像为例，应用马赛克滤镜来制作特殊人物效果。

新手演练 Novice exercises　马赛克人物效果（源文件\第 10 章\马赛克人物效果.psd）

Step 01 打开光盘文件中的 "21.jpg" 图像文件。

Step 02 打开 "图层" 面板，将 "背景" 图层拖动到底部的 "创建新图层" 按钮 上，复制出一个新的背景图层。

Step 03 单击 "滤镜" 菜单项，在弹出的菜单中选择 "像素化" | "马赛克" 命令，打开 "马赛克" 对话框，设置单元格大小为 "15

方形"，设置完成后单击 确定 按钮。

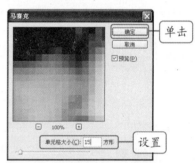

Step 04 得到最后的马赛克图像效果。

温馨提示牌 Warm and prompt licensing

可以通过添加图层蒙版的方法来对人物脸部重新进行编辑，将部分图像还原成未应用滤镜时的效果。

10.3.9　渲染滤镜

　　"渲染"滤镜在图像中创建 3D 形状、云彩图案、折射图案和模拟光反射。可在 3D 空间中操纵对象。创建 3D 对象（立方体、球面和圆柱），并从灰度文件创建纹理填充以产生类似 3D 的光照效果。

知识点拨　　**常见渲染滤镜的对比效果**

云彩：使用介于前景色与背景色之间的随机值，生成柔和的云彩图案。

纤维：使用前景色和背景色创建编织纤维的外观。可以使用"差异"滑块来控制颜色的变化方式（较低的值会产生较长的颜色条纹；较高的值会产生非常短且颜色分布变化更大的纤维）。

分层云彩：使用随机生成的介于前景色与背景色之间的值，生成云彩图案。此滤镜将云彩数据和现有的像素混合，其方式与"差值"模式混合颜色的方式相同。

光照效果：可以通过改变 17 种光照样式、3 种光照类型和 4 套光照属性，在 RGB 图像上产生无数种光照效果。

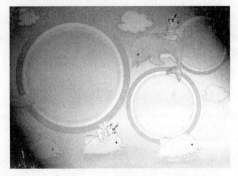

10.3.10　艺术效果滤镜

　　"艺术效果"滤镜就像一位熟悉各种绘画风格和绘画技巧的艺术大师，可以使一幅平淡的图像变成大师的力作，且绘画形式不拘一格。它能产生油画、水彩画、铅笔画、粉笔画、水粉画等各种不同的艺术效果。

1. 彩色铅笔

"彩色铅笔"滤镜可以模拟使用彩色铅笔在纯色背景上绘制图像，保留图像的边缘，并且外观呈粗糙阴影线，纯色背景色透过比较平滑的区域显示出来。选择"滤镜"｜"艺术效果"｜"彩色铅笔"命令，即可打开"彩色铅笔"对话框。

"彩色铅笔"对话框中常见的参数设置

铅笔宽度：设置铅笔的宽度，数值越大宽度越大。
描边压力：可以调整图像的明暗关系。

纸张亮度：可以设置纸张的亮度，数值越大纸张越亮。

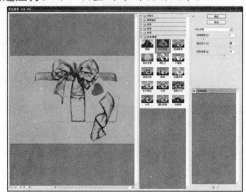 

2. 绘画涂抹

"绘画涂抹"滤镜可以理解为一种在比较拙劣的绘画技法下所画的图，它能产生类似于在未干的画布上进行涂抹而形成的模糊效果。选择"滤镜"｜"艺术效果"｜"绘画涂抹"命令，即可打开"绘画涂抹"对话框。

"绘画涂抹"对话框中常见的参数设置

画笔大小：设置画笔的大小，数值越大画笔越大。
锐化程度：调整图像锐化的程度，数值越大锐化越明显。

画笔类型：在该下拉列表框中包含了6种画笔的类型，可以根据需要进行选择。

应用艺术效果滤镜可以将图像制作成使用艺术画笔或者艺术手法制作成艺术图像，将图像轮廓和表面效果以艺术线条或者色块进行取代，下面以海报效果为例介绍相关的设置和操作。

 制作海报效果（源文件\第 10 章\制作海报效果.jpg）

Step 01 打开光盘文件中的 "24.jpg" 图像文件。

Step 02 选择 "滤镜" | "艺术效果" | "海报边缘" 命令，打开 "海报边缘" 对话框，参照对话框中所示的参数进行设置，设置完成后单击 [确定] 按钮。

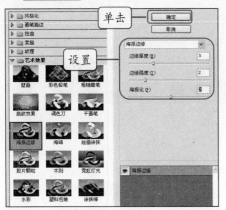

Step 03 可制作出海报效果。

"海报边缘" 滤镜的作用是增加图像对比度并沿边缘的细微层次加上黑色，能够产生具有招贴画边缘效果的图像。

10.3.11　杂色滤镜

"杂色" 滤镜添加或移去杂色及带有随机分布色阶的像素，这有助于将选区混合到周围的像素中。"杂色" 滤镜可创建与众不同的纹理或移去有问题的区域，如 "蒙尘与划痕"。

1.　蒙尘与划痕

"蒙尘与划痕" 滤镜主要用于将图像上的灰尘、瑕疵等进行删除，通过使用该滤镜效果，使图像变得更加柔和。在"蒙尘与划痕"对话框中有两个参数，"半径"用于设置图像柔和的强弱，数值越大图像越柔和，"阈值"用于设置图像轮廓的清晰度，数值越大，轮廓越清晰。

2. 添加杂色

"添加杂色"滤镜为图像添加许多杂乱的点，表现出陈旧的感觉。在"添加杂色"对话框中有 3 个参数，"数量"用于设置所添加的杂点的数量，在"分布"选项区中可以选择杂点分布的方式，有"平均分布"和"高斯分布"两种。"单色"复选框用于设定杂色的颜色。

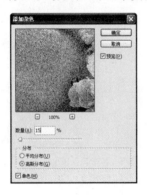

3. 中间值

"中间值"滤镜是通过减少图像中的杂点来应用周围相近颜色的一种效果。在"中间值"对话框中只有一个参数"半径"，此参数用于设置相近颜色的范围，数值越大图像越平滑。

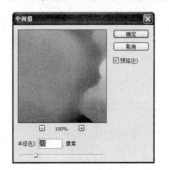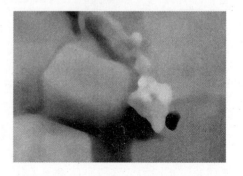

　　光滑人物皮肤的方法可以通过"蒙尘与划痕"滤镜来进行编辑，将人物皮肤中斑点区域制作成平滑的效果。在"蒙尘与划痕"对话框中对图像进行设置，并为编辑后的图层添加图层蒙版。使用"画笔工具"对除皮肤之外的区域进行编辑，只留出光滑的皮肤图像，具体操作如下。

新手演练 Novice exercises　　**光滑人物皮肤**（源文件\第 10 章\光滑人物皮肤.psd）

Step 01　打开光盘文件中的"**26.jpg**"图像文件。

温馨提示牌 Warm and prompt licensing

应用"画笔工具"对图层蒙版进行编辑时，可以适当设置画笔的不透明度，然后对图像进行编辑。

Step 02　打开"图层"面板，将"背景"图层拖动到底部的"创建新图层"按钮 上，复制出一个新的背景图层。

Step 03　单击"滤镜"菜单项，在弹出的菜单中选择"杂色滤镜"|"蒙尘与划痕"命令，打开"蒙尘与划痕"对话框，设置半径为"4像素"，设置完成后单击 确定 按钮。

Step 04　得到模糊后的图像效果。

Step 05　打开"图层"面板，为"背景副本"图层添加图层蒙版，设置前景色为"黑色"，应用"画笔工具"在人物眼睛和头发区域上单击并拖动，将该部分图像还原。

温馨提示牌
Warm and prompt licensing

应用"蒙尘与划痕"滤镜时，如果半径设置得过大，图像会产生强烈的模糊效果。可通过增大阈值来增强像素间的对比度，从而使图像变得清晰。

温馨提示牌
Warm and prompt licensing

在使用数码相机拍摄照片时，常由于不同的原因使拍摄后的照片带有杂点，一般使用"减少杂色"滤镜来去除杂点。

10.4 职场特训

本章主要介绍了滤镜的主要作用和操作步骤，通过典型滤镜的使用方法，来展示滤镜的强大功能，并提供图像的应用范围，学完本章内容后，下面通过实例巩固本章知识。

特训 1: 制作景深效果（源文件\第 10 章\制作景深效果.psd）

1. 打开素材文件中的"制作景深效果.jpg"图像文件。
2. 打开"图层"面板，复制"背景"图层。
3. 单击"滤镜"菜单项，在弹出的菜单中选择"模糊" | "高斯模糊"命令。
4. 打开"高斯模糊"对话框，设置模糊半径为"6.8像素"。
5. 为复制的图层添加图层蒙版，应用"画笔工具"在花朵图像中涂抹，将花朵图像还原。
6. 制作完毕后，保存图像。

特训 2: 制作炭笔人物图像（源文件\第 10 章\制作炭笔人物图像.psd）

1. 打开素材文件中的"制作炭笔人物图像.jpg"图像文件。
2. 打开"图层"面板，复制背景图层。
3. 打开"炭笔"对话框，对炭笔粗细和明暗关系重新进行设置。
4. 制作完毕后，保存图像。

特训 **3**：**制作点状化图像效果**（源文件\第 10 章\制作点状化图像效果.psd）

1. 打开素材文件中的"制作点状化图像效果.jpg"图像文件。

2. 打开"图层"面板，复制"背景"图层。

3. 单击"滤镜"菜单项，在弹出的菜单栏中选择"像素化" | "点状化"命令，在"点状化"对话框中设置相关参数。

4. 制作完毕后，保存图像。